TOMAS MALM

Algebra som geometri

Portfölj IV (Analytisk geometri och algebrans fortsättning) av *Den första matematiken*

Didymos Matematik & Logik

Algebra som geometri

Portfölj IV (Analytisk geometri och algebrans fortsättning) av *Den första matematiken*

ISBN: 978-91-984768-7-3

Tryck: BoD — Books on Demand, Norderstedt, Tyskland 2021

Mer information om Didymos Bokförlag och dess författare finns på vår webbplats:

didymos–bokforlag.com

Förord

Denna bok innehåller portfölj IV (Analytisk geometri och algebrans fortsättning) av den mer omfattande studien och artikelsamlingen *Den första matematiken* (DFM). Portfölj IV ger en reflekterande genomgång av vissa grundkunskaper ur den analytiska geometrin samt en introduktion till komplexa tal.[1]

Namnet på studien kommer av att projektet hade som sitt övergripande syfte en noggrann teoretisk framställning av och/eller omsorgsfull påminnelse om de mest grundläggande matematiska kunskaperna inom aritmetik, algebra och geometri. Resultatet är dessa portföljer av artiklar, vilka kan sägas utgöra ett visst led i mitt eget sysslande med matematikundervisning, men också med filosofi och logik.

Läsare som kan tänkas ha nytta eller glädje av boken är studenter i matematik, naturvetenskap eller filosofi, samt lärare på olika nivåer. Detta utesluter dock inte att den även skulle kunna läsas av en allmän publik med ett visst mått av matematiskt bildningsintresse. Om inte annat kunde den kanske användas som bredvidläsning.

Av särskilt intresse för somliga studenter och lärare kan vara att *kägelsnitten* — ellips, parabel och hyperbel — ges en mer utförlig ge-

---

[1]Webbsida för artikelsamlingen är:

www.didymos-bokforlag.com/den-forsta-matematiken/

Samtliga artiklar ur DFM finns att beställa som digitalt material från förlagets webbsajt.

nomgång och teoretisk framställning, jämfört med vad som generellt är fallet med nuvarande kurser i svensk gymnasieskola. I de svenska kurserna anknyter man enbart till specialfallet parabel genom grafen för andragradsfunktioner ($y = ax^2 + bx + c$) i cartesiska koordinater. Dessutom ges sällan någon förklaring till/bevis för kopplingen mellan den klassiska geometriska definitionen av en parabel som ett kägelsnitt och dessa andragradsekvationer.

De teman som behandlas i boken är:

- sambandet mellan ekvationer och koordinatsystem
- ekvationer för den räta linjen och cirkeln
- avståndsformeln i cartesiska koordinater
- ekvationer och polynom av andra graden och deras samband med parabeln
- ortsbeskrivning av kägelsnitten genom brännpunkter och avstånd, samt bevis för dessa ortsbeskrivningar via de så kallade dandelinsfärerna.
- härledning av ekvationer för de tre kägelsnitten ellips, parabel respektive hyperbel
- komplexa tal.

Artiklarna i *Den första matematiken* är skrivna med en speciell metod och layout som jag valt att kalla för *den holistiska framställningsformen (och layouten) för matematiken*, vilken jag redogör närmare för i artikeln "Allmänna ord om den holistiska framställningsformen för matematiken", förlagd som appendix A till boken. Det finns både didaktiska och filosofiska skäl till att jag valt att experimentera med denna en smula annorlunda form.

Jag har valt att här följa bruket i engelskspråkig matematik och använda punkt som åtskiljare för decimaldelen, istället för det i Skandinavien vanliga decimalkommat. En anledning till det är att man annars bör skriva koordinatpar med semikolon, vilket jag själv finner mindre angenämt för ögat. Vi skriver till exempel $(1.5, -6.4)$ istället för $(1{,}5; -6{,}4)$.

Lägg märke till att det finns två olika typer av sidnumreringar i boken: Den ena numreringen är *lokal* och bara relevant för specifik artikel/kapitel i sig, medan den andra är *global* och gäller boken som helhet. Lokal numrering visas nedtill på varje sida av en artikel, den globala numreringen upptill. Den övergripande innehållsförteckningen (på nästa sida) visar "global position" för vardera artikel.

Slutligen ett tack till min gode vän, mentor och lärarkollega Björn Wängberg för att jag fick tillåtelse att nyttja hans fina handritade illustrationer av dandelinsfärerna till artikeln "Kägelsnitten och deras ortsbeskrivning genom dandelinsfärerna", hämtade ur Björns kompendium om kägelsnitten.

Innehåll

Ekvationer och koordinatsystem: om sambandet mellan algebra och analytisk geometri

Artikel 1 ur DFM, portfölj IV

Innehåll

Abstract

Artikeln erbjuder en kort överblick på och repetition av helt grundläggande begrepp ur analytisk geometri och algebra, med viss historisk bakgrund.

1 Kärninnehåll

1.1 Algebra och analytisk geometri: en mycket kort historik

Själva ordet "algebra" härstammar från arabiskans *al–jabr*, som betyder ungefär återförening eller koppling. Det arabiska ordet förekommer i en avhandling av den persiske matematikern *Al–Khwarizmi* (som också fått ge namn åt begreppet "algoritm"), där lösandet av, vad som i dagens matematik skulle motsvara, linjära och kvadratiska ekvationer behandlas.

Till Europa kommer de första ansatserna till algebra under medeltiden (1200–1300–tal) och renässansen (1400–1500–tal) genom kontakten med den arabiska och indiska matematiken. Under den grekiska antiken finns *Diofantos* (200-talet e.Kr.) arbete med ekvationer i heltal, som också räknas som en viktig föregångare till algebran. Dessa verk var dock av i hög grad *retorisk* karaktär, med vilket menas att matematiken framställdes verbalt i prosa, utan så flitigt användande av speciella beteckningssätt.

Den *symboliska algebra* (i kontrast till "retorisk algebra"), där man använder bokstäver som variabelsymboler, och som är kännetecknande för matematikens förvandling under renässansen och den naturvetenskapliga revolutionen, är (såvitt jag vet) till merparten en europeisk uppfinning. Den som brukar nämnas som själva instiftaren av den nya symboliska algebran är den franske matematikern och juristen *Francois Viète* (uttalas "Vieta", 1500–tal).

Algebran förs vidare och utvecklas bland annat hos den franske filosofen, matematikern och militären *René Descartes* (början av 1600–talet) i verket *La Géométrie*, i vilket fröna sås till den analytiska geometrin, alltså analysen och lösandet av geometriska problem genom översättning till algebraiska begrepp och metoder. Descartes är också den som börjar använda bokstäverna x, y, z (slutet av det latinska alfabetet) som beteckningar för variabler i ekvationer.

Med *analytisk geometri* syftar man traditionellt på analysen av geometriska figurer och problem med hjälp av koordinatsystem och algebra. Det moderna *cartesiska, rätvinkliga* koordinatsystemet för det geometriska planet introduceras under mitten av 1600–talet, inspirerat av Descartes. Den latiniserade formen av det franska personnamnet Descartes är Cartesius, därav beteckningen "cartesiska koordinater".

Koordinatsystem kan vara av många olika slag i matematiken, men det man normalt vänjer sig vid först är "vanliga" cartesiska, rätvinkliga koordinater. Vid sidan om cartesiska koordinater finns till exempel *polära* och *sfäriska* koordinater (för två respektive tre dimensioner). I differentialgeometri och allmän relativitetsteori studeras *kröklinjiga* (eng. *curvilinear*) koordinatsystem för analysen av olika sorters 'rum' och förstås den moderna fysikens berömda 'rumtid'.

Den symboliska algebran och analytisk geometri får avgörande betydelse för den ännu något senare utvecklingen av *den matematiska analysen*, alltså differential– och integralkalkyl, initierad av *Isaac Newton* och *Gottfried Wilhelm von Leibniz* (båda dessa levde och verkade under 1600–talet och en bit in på 1700–talet). Analysen hör till de viktigaste av de matematiska verktygen för den nya naturvetenskapen.

1.2 Termerna variabel, konstant, likhet, ekvation, lösning, med mera

Låt i det följande $x, y, z, \ldots$ och $a, b, c, \ldots$ vara **variabelsymboler** för reella, eller eventuellt komplexa, tal. Symbolerna 3, $\frac{5}{7}$, $\sqrt{2}$ och π är exempel på aritmetiska **konstantsymboler**, i dessa fall konstantsymboler av *typen* reellt tal.

En **(aritmetisk) ekvation** är *ett aritmetiskt välbildat likhetspåstående innehållande konstantsymboler och en eller fler variabelsymboler.*

Det uttryck som står till vänster om likhetstecknet '=' i en ekvation kallas **vänsterled (VL)**, det till höger **högerled (HL)**.

Med **lösningen** eller **lösningsmängden** S till en ekvation avses mängden av alla tal som vid ersättande (substitution) av variablerna förvandlar ekvationen till *ett aritmetiskt sant, giltigt påstående.*

Exempel 1. Ekvationen '$x + 8 = 15$' har variabeln x. Insättning av värdet 7 istället för variabelsymbolen x resulterar i det aritmetiskt giltiga påståendet $7 + 8 = 15$. Insättning av något annat värde än 7 resulterar i ett matematiskt ogiltigt, falskt påstående. Ersätter vi till exempel x med 10 får vi påståendet '$10+8 = 15$'. Denna sats är falsk eftersom $10 + 8 = 18$, och $18 \neq 15$. Den enda möjliga lösningen är $x = 7$. Lösningsmängden är den mängd vars enda element är talet 7. Med mängdlärans notation kan man teckna lösningsmängden

$$S = S[x + 8 = 15] = \{7\}$$

□

Beroende på sammanhang refereras ingående variabler i ekvationen till som *obekant*, *oberoende* resp. *beroende* variabel, *parameter*, *konstant*, med mera.[1] Att *"lösa en ekvation"* är att finna dess lösningsmängd; eventuellt med ytterligare krav på bevis för att en viss mängd verkligen innehåller alla lösningar. Även den metod man använt, de konkreta steg man har tagit för att finna lösningen, kallas ofta för *"lösningen till ekvationen"*.

Var dock uppmärksam på att det kan finnas fler än en vägar fram till en ekvations lösning. Det ena sättet att närma sig ekvationen behöver inte vara riktigare eller mer giltigt än det andra. Däremot finns det en och endast en korrekt lösningsmängd till en given ekvation: ett

[1]Ibland talar man om "konstanter" även när *symboltypen* är en variabel, som t.ex. när man säger att "k och m utgör konstanter" i ekvationen för en rät linje $y = kx + m$. Här skulle man för att undanröja eventuell oklarhet också kunna säga att k och m utgör variabelsymboler av typen *parametrar*, medan x och y är *oberoende* respektive *beroende* variabel.

påstående som är sant per definition.

Två ekvationer säges vara **ekvivalenta** om de har samma lösningsmängd S. En vanlig väg till lösningen av en ekvation är att finna en serie ekvivalenta ekvationer vilka gör det tydligt vad som måste vara den ursprungliga ekvationens lösningsmängd. Om man i synnerhet på VL och HL av en given ekvation tillämpar något av de fyra räknesätten (förutom multiplikation eller division med 0), är resultatet en ekvivalent ekvation, vilket kunde kallas **den elementära ekvationslösningsmetoden.**[2]

En aritmetisk ekvation som är uppfylld för precis alla möjliga tal ur något visst talområde (bortsett från några få undantag möjligen) säges vara en **aritmetisk identitet**.

Exempel 2. Följande är aritmetiska identiteter:

(a) De tre fundamentala räknelagarna och andra aritmetiska "axiom", såsom $ab = ba$ och $a+0 = a$. Dessa gäller för alla tal upp till och med de komplexa.

(b) Olika algebraiska samband som snabbar på arbetet med algebran, såsom kvadreringsregeln $(a+b)^2 = a^2 + 2ab + b^2$, giltig för alla $a, b \in \mathbb{C}$.

(c) Talteoretiska identiteter, såsom $1 + 2 + 3 + \ldots + n = \frac{1}{2}n(n+1)$. Detta är en aritmetisk identitet i talområdet $\mathbb{N}$ av naturliga tal.

□

Högre upp i studiet av matematiken "utvidgas betraktelsen" till ekvationer i matriser, vektorer, funktioner, derivator (differentialekvationer), och andra saker. På analogt sätt definieras begreppen ekvation, lösning, och så vidare för dessa andra typer av matematiska objekt.

---

[2]Generellt: låt (*) '$VL = HL$' vara en ekvation i $\mathbb{C}$. Om $f : \mathbb{C} \to \mathbb{C}$ är injektiv, följer att $VL = HL \iff f(VL) = f(HL)$, varför ekvationen (**) '$f(VL) = f(HL)$' är ekvivalent med (*).

1.3 Principskissen för det cartesiska koordinatsystemet

Vi påminner oss om grundritningen för **det 2–dimensionella cartesiska (rätvinkliga) koordinatsystemet**:

1. Fixera två räta linjer i planet som bildar rät vinkel mot varandra. Dessa räta linjer kallas för koordinatsystemets **axlar**. Den ena axeln brukar kallas x–**axel** (eller med en numera mer ovanlig term **abskissa**) och den andra y–**axel** (eller **ordinata**). Vilken som är vilken är förstås valfritt, men när man ritar ett fysiskt koordinatsystem på papper/datorskärm brukar x–axeln vara den horisontella axeln. Skärningspunkten mellan axlarna kallas för koordinatsystemets **origo**.

2. Förse linjerna med gradering givet ett visst val av enhet 1. Detta ger alltså två tallinjer, "tallinjaler" i rät vinkel mot varandra.

3. Läget för en punkt P i planet kan nu enkelt anges med ett par av reella tal (x, y) som mäter hur många enheter utmed abskissa respektive ordinata punkten befinner sig (räknat med tecken $+/-$).

Vanliga skrivsätt för att uppge koordinaterna för en punkt P i planet är

$$P = (x, y) \quad \text{eller} \quad P : (x, y)$$

Origo har koordinaterna $(0, 0)$. I figur 1 visas ett cartesiskt koordinatsystem med några punkter och deras koordinater utritade. När man ritar koordinatsystem för illustrationer till problem, bevis, med mera, är kutymen att på pappret eller skärmen rita positiv riktning åt höger på x–axeln och uppåt på y–axeln.

Cartesiska koordinater för den tredimensionella rymden utarbetas helt i analogi med motsvarande för två dimensioner, med den enda skillnaden att vi nu får ytterligare en axel i koordinatsystemet, som helt enkelt brukar kallas för z–**axeln** (eller **applikata**). Läget för en punkt P i den euklidiska rymden beskrivs av tre koordinater (x, y, z), enligt ordningen x–, y– och till sist z–axel.[3]

[3] Överhuvudtaget är orden abskissa, ordinata och applikata ganska ovanligt att man hör i samtida matematikundervisning, för det mesta säger folk "x–axel" och så vidare.

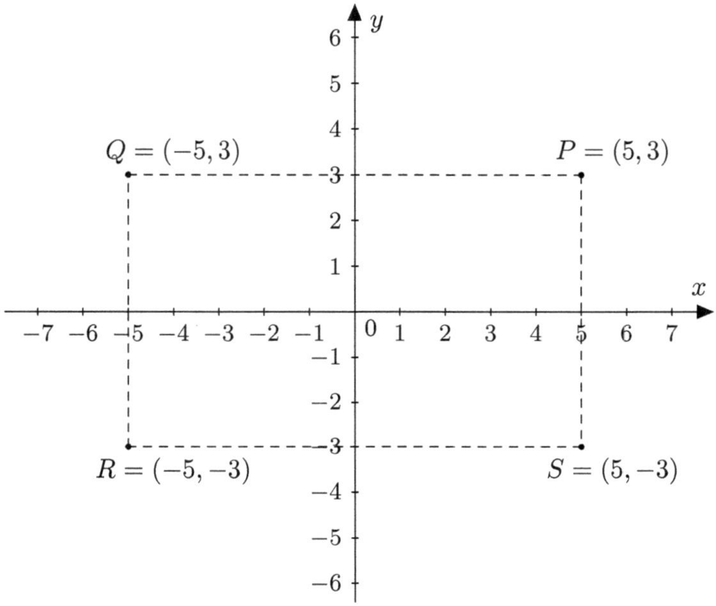

Figur 1: Ett cartesiskt koordinatsystem vari fyra punkter och deras koordinater är utritade. Konventionen är att det ordnade parets (x, y) första element anger punktens x–koordinater och det andra dess y–koordinater.

1.4 Att beskriva kurvor med hjälp av ekvationer och koordinatsystem

Det kreativa momentet i analytisk geometri är att geometriska problem och begrepp därmed låter sig 'samordnas' eller 'koordineras' med aritmetik och algebra, studiet av tal och ekvationer.

Exempel 3. Låt oss, som man säger, *"plotta grafen"* till ekvationen

$$y = x^2$$

i rätvinkliga koordinater. Vad det betyder i det här fallet är att variera x över några få värden som stoppas in istället för den oberoende variabeln x för att beräkna motsvarande värde på den beroende variabeln y. Som vi ser ger varje möjligt värde på x som stoppas in i ekvationen ett entydigt bestämt värde på y; ekvationen beskriver alltså det som kallas för en *funktion* i matematiken. Detta ger oss åtminstone en viss uppfattning om kurvans utseende. Resultatet av beräkningen sammanställer vi i en värdetabell, varefter vi prickar in punkterna i ett koordinatsystem.

x	± 3	± 2.5	± 2	± 1.5	± 1	± 0.5	0
y	9	6.25	4	2.25	1	0.25	0

Dessa punkter förbinds i figur 2 med sträckor för att ge en bild av kurvan. Ju fler lösningar till ekvationen som plottas desto mer kommer en fin, kontinuerlig kurva att framträda.[4] □

En *kurva* i matematiken behöver inte vara krökt, utan även den räta linjen är ett exempel på en kurva. (Den räta linjen är en kurva med *krökningen* $\kappa = 0$ i varje punkt.) När man säger *"ekvationen för"* den och den kurvan menar man oftast *ekvationen för kurvan i cartesiska koordinater*, om inget annat är uttryckligen sagt. Det behöver dock understrykas:

Ekvationen för en och samma kurva kommer att se olika ut (ibland väldigt olika ut) beroende på vilket och vilken typ av koordinatsystem man rör sig med. Omvänt, en och samma ekvation (funktion) ger upphov till olika (ofta väldigt olika) kurvor beroende på i vilket koordinatsystem man ritar grafen till ekvationen.

Ekvationen $y = 2x + 3$ genererar eller motsvarar, som vi vet, en viss sorts rät linje i det cartesiska koordinatsystemet (se figur 3). Men i ett *polärt koordinatsystem* för planet, där koordinaterna istället anger vinkel mätt i förhållande till positiv x–axel och avstånd från origo, blir grafen till exakt samma ekvation istället en *arkimedisk spiral* (figur 4). Man säger ibland 'den räta linjen $y = 2x + 3$', ett förkortat uttryckssätt. Men noga taget är förstås varken ekvationen $y = 2x + 3$ eller dess lösningsmängd S en rät linje, vare sig i fysisk eller matematisk mening. Man måste alltså kunna skilja mellan själva ekvationen och

[4]Närmare bestämt utgör kurvan en *parabel*. Bevis för att grafen till en ekvation på formen $y = x^2$ blir just en parabel i ett rätvinkligt koordinatsystem finner man i texter om *kägelsnitten* ellips, parabel och hyperbel.

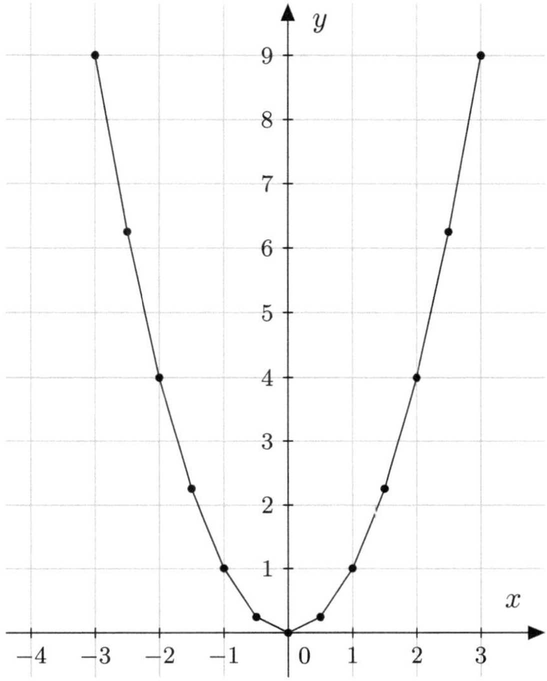

Figur 2: Vi plottar några talpar ur grafen till ekvationen $y = x^2$ i ett rätvinkligt koordinatsystem för att bilda oss någon uppfattning om den kurva som genereras.

dess visualisering i något visst koordinatsystem och dess anknytning till något objekt i geometrin.

Ordet *graf* i matematiken är mångtydigt, så här är det bra att vara klar över vissa skillnader. Dels kan man med ”grafen” syfta på själva den kurva som genereras i ett visst koordinatsystem. Man säger till exempel att ”grafen till $y = x^2$ är en parabel”. Men då är det underförstått att man syftar på den kurva som ekvationen $y = x^2$ genererar, motsvarar i ett cartesiskt koordinatsystem. I exempelvis ett polärt koordinatsystem — där koordinaterna anger vinkel och avstånd till origo — ser kurvan ut på ett helt annat sätt: den blir också till en sorts spiral och inte en parabel.

Å andra sidan syftar ”grafen till en ekvation” på mängden av alla de

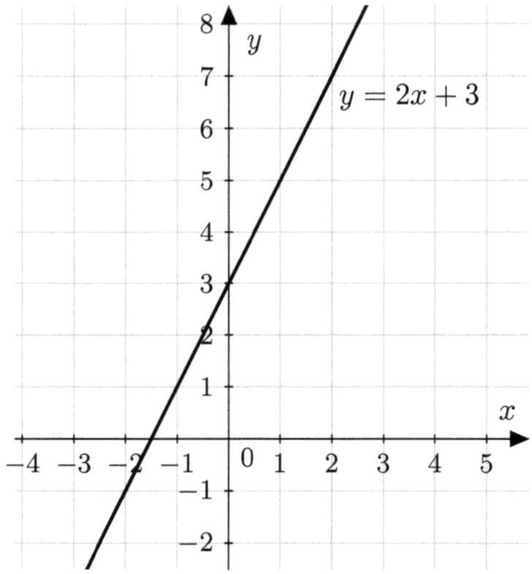

Figur 3: Grafen till funktionen $y = 2x + 3$ i ett cartesiskt koordinatsystem för planet utgör en rät linje. I ett polärt koordinatsystem blir grafen istället ett slags spiral (figur 4).

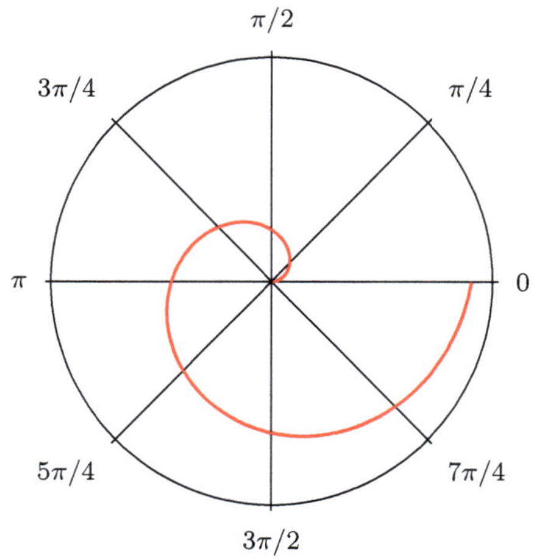

Figur 4: Grafen till funktionen $y = 2x + 3$ blir en arkimedisk spiral i det polära koordinatsystemet för planet.

par av (reella) tal (x, y) som satisfierar ekvationen, som gör den till ett matematiskt sant, giltigt påstående.[5] Det är då ett annat ord för *lösningsmängden* till ekvationen. Detta är den mer tekniska matematikvetenskapliga definitionen av grafen till en ekvation. Det är alltså viktigt att vid behov kunna skilja mellan:

> (1) ekvationen – (2) ekvationens graf/lösningsmängd – (3) kurvan

När man gör den distinktionen syftar kurvan på ekvationens lösningsmängd framställd i ett bestämt koordinatsystem eller på det geometriska objekt man studerar och vill analysera.[6]

---

[5] **Grafen** till en funktion $f : A \to B$, vilken som helst, definieras i mängdläran generellt som mängden av alla ordnade par $(x, f(x))$, där $x \in A$:

$$\text{graf}(f) = \{(x, y) \in A \times B : x \in A \wedge y = f(x)\}$$

Denna definition har ingen omedelbar anknytning till koordinatsystem och geometri.

[6] Till detta kommer förstås en tredje användning av termen "graf" i matematiken, nämligen syftande på en *diskret graf*, alltså en abstrakt nätverksstruktur av noder och länkar som förbinder noderna. Här uppstår dock sällan någon förvirring kring vad det är man syftar på. "Grafer" i denna tredje bemärkelse studeras inom den gren av *diskret matematik* som heter grafteori.

2 Lock/portar

Teorifrågor

F1. Redogör kort för några berömda matematiker & filosofer ur algebran och den analytiska geometrins historia.

F2. Förklara med hjälp av exempel vad man i matematiken menar med:

(a) ett likhetspåstående (en likhet) (b) en (aritmetisk) ekvation

(c) lösningen till en ekvation (d) en aritmetisk identitet

F3. Förklara med stöd av exempel följande begrepp:

(a) ett koordinatsystem (b) ekvationen för en kurva (c) grafen till en ekvation (funktion)

Problem

P1. Lös ekvationerna:

(a) $9x + 15 = 51$ (b) $-4.5x + 8 = -25$ (c) $-4/x = 10$

P2. (a) Lös ut variabeln y ur ekvationen $-6x + 4y = 3$ (det vill säga skriv om på funktionsformen $y = ...$).

(b) Rita grafen till den så beskrivna funktionen i ett koordinatsystem.

P3. (a) Plotta grafen till funktionen $y = 2.5x^2 - 6$ i ett cartesiskt koordinatsystem.

(b) Var skär kurvan x–axeln?

P4. Lös andragradsekvationen (ange närmevärden till rötterna till tre decimalers noggrannhet i det fall ekvationen saknar rationella lösningar):

(a) $9x^2 = 16$ (b) $x^2 - 3 = 7$ (c) $x^2 + 16 = 0$

Den räta linjen och cirkeln i cartesiska koordinater

Artikel 2 ur DFM, portfölj IV

Innehåll

Abstract

Detta dokument sammanställer vad som brukar vara de första stegen i analytisk geometri i grundläggande matematikundervisning:

- den räta linjens ekvation
- cirkelns ekvation
- avståndsformeln (för planet)

Vi påminner oss om de grundläggande idéer som hör samman med det cartesiska koordinatsystemets metod, genom att anknyta till ekvationerna för räta linjer och cirklar.

1 Kärninnehåll

1.1 Den räta linjens ekvation

1.1.1 Den räta linjen på (k, m)–form

Uppgiften i det här avsnittet består i att analysera ekvationen för en rät linje i cartesiska koordinater. Två fall är enkla och rakt på sak:

(i) Linjen är parallell med x–axeln. I detta fall blir ekvationen helt enkelt

$$y = m$$

där m är y–koordinaten för linjens skärning med y–axeln (ordinatan).

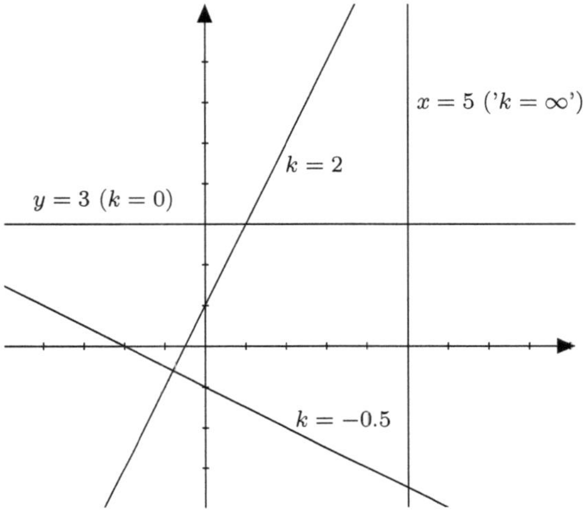

Figur 1: I figuren visas fyra olika linjer i ett koordinatsystem. Riktningskoefficienten för en rät linje analyserad i ett givet koordinatsystem är stigningen/minskningen i y–led per enhet av x–axeln vid rörelse i positiv riktning.

(ii) Linjen är parallell med y–axeln. I detta fall blir ekvationen

$$x = a$$

där a är x–koordinaten för linjens skärningspunkt med x–axeln (abskissa).

(iii) Linjen är inte parallell med någon av koordinataxlarna. I detta fall blir ekvationen

$$y = kx + m$$

där m liksom i fall (i) är y–koordinaten för linjens skärningspunkt med y–axeln, vilket kallas för ekvationens **konstantterm**, eller ledigare *"m–värde"*. Talet k anger hur mycket y–värdet ökar/minskar per enhet av x–axeln då man rör sig med utmed linjen, och kallas för den räta linjens **lutning** eller **riktningskoefficient** i det givna koordinatsystemet.

Notera att fall (i) är ett specialfall av (iii), där lutningen helt enkelt är noll, det sker ingen stigning/sänkning i förhållande till y–axeln vid rörelse utmed linjen.

Låt oss sammanfatta **den räta linjens ekvation (genom lutning och konstantterm)**, eller *"– på (k, m)–form"*:

[1] *Ekvationen*

$$y = kx + m$$

beskriver i ett rätvinkligt koordinatsystem en rät linje, där m är y–koordinaten för skärningen med y–axeln och k är linjens riktningskoefficient.

På engelska heter det *slope–intercept form.*

Om $m = 0$ talar man om en **proportionalitet**. Man säger att y är **proportionell** mot x och lutningen brukar kallas för **proportionalitetskonstanten**.

1.1.2 Att bestämma riktningskoefficienten för en rät linje givet två punkter

Låt oss nu titta på problemet med att bestämma riktningskoefficienten för en rät linje, givet information om läget av åtminstone två punkter på linjen i koordinatsystemet.

Problem 1. Bestäm riktningskoefficienten för en rät linje i ett givet koordinatsystem, om $P = (x_1, y_1)$ respektive $Q = (x_2, y_2)$ är två punkter på linjen, där $x_1 \neq x_2$.

Det är lämpligt att införa beteckningarna

$$\Delta x = x_2 - x_1$$
$$\Delta y = y_2 - y_1$$

för **differenserna** mellan punkternas x– respektive y–koordinater. Kort sätt att läsa: "delta x", "delta y".

Lösning: 1. För enkelhetens skull kan vi anta att $x_1 < x_2$. Tecken-

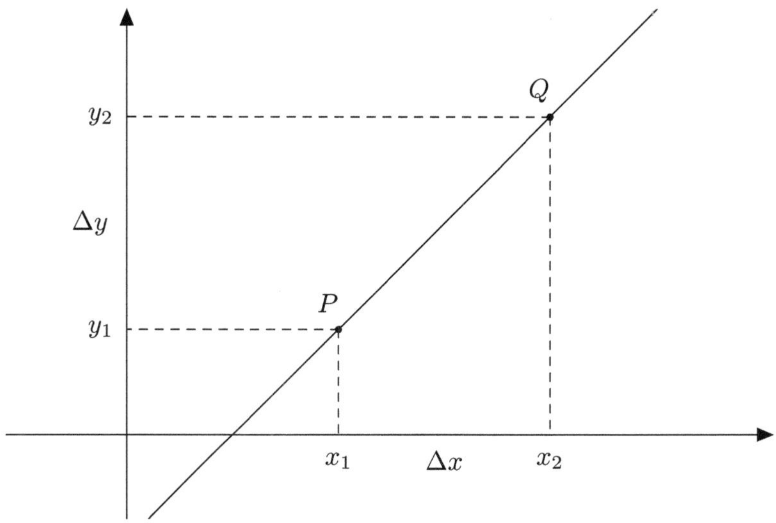

Figur 2: Riktningskoefficienten för linjen kan beräknas som differenskvoten mellan förändringen i y–led och förändringen i x–led.

reglerna för räkning med negativa tal är dock så utformade att det inte kommer att spela någon roll om P ligger till vänster eller höger om Q i förhållande till x–axeln.

2. Vid rörelse från P till Q kommer x–koordinaten att öka med Δx enheter. På samma sätt ökar eller minskar y–koordinaten med Δy enheter under samma rörelse.

3. Per definition är k ökningen/minskningen av y per x–enhet. Alltså är

$$\Delta y = k\Delta x$$

4. Ur (3) följer att k är lika med kvoten mellan Δy och Δx:

$$k = \Delta y/\Delta x$$

Problemet är löst. □

Kvoten $\Delta y/\Delta x$ kallas för **differenskvoten** (för punkterna P och Q). Vi sammanfattar lösningen i en display:

[2] *Om $P = (x_1, y_1)$ och $Q = (x_2, y_2)$ är två punkter på en rät linje i ett koordinatsystem, sådana att $x_1 \neq x_2$, så ges linjens riktningskoefficient av differenskvoten. Med matematisk notation:*

$$k = \frac{\Delta y}{\Delta x} = \frac{y_2 - y_1}{x_2 - x_1}$$

Några exempel:

Exempel 1. (a) Den räta linje som i ett rätvinkligt koordinatsystem går genom punkterna $P = (1, 2)$ och $Q = (3, 5)$ har riktningskoefficienten

$$k = \frac{\Delta y}{\Delta x} = \frac{5-2}{3-1} = \frac{3}{2} = 1.5$$

(b) Linjen genom $(7, 1)$ och $(-3, 6)$ har riktningskoefficient

$$k = \frac{6-1}{(-3)-7} = \frac{5}{-10} = -0.5$$

□

1.1.3 Problemlösning med den räta linjens ekvation

Exempel 2. Bestäm ekvationen för den räta linjen genom punkterna $(2, 10)$ och $(7, 13)$.

Lösning: 1. Riktningskoefficienten får vi som

$$k = \Delta y/\Delta x = (13 - 10)/(7 - 2) = 3/5 = 0.6$$

2. För att finna m–värdet sätter vi in koordinaterna $(2, 10)$ i formen $y = kx + m$ och löser ekvationen för m:

$$10 = 0.6 \cdot 2 + m$$
$$m = 10 - 1.2 = 8.8$$

3. Ur (1) och (2) följer att den sökta ekvationen är

$$y = 0.6x + 8.8$$

Problemet är löst. □

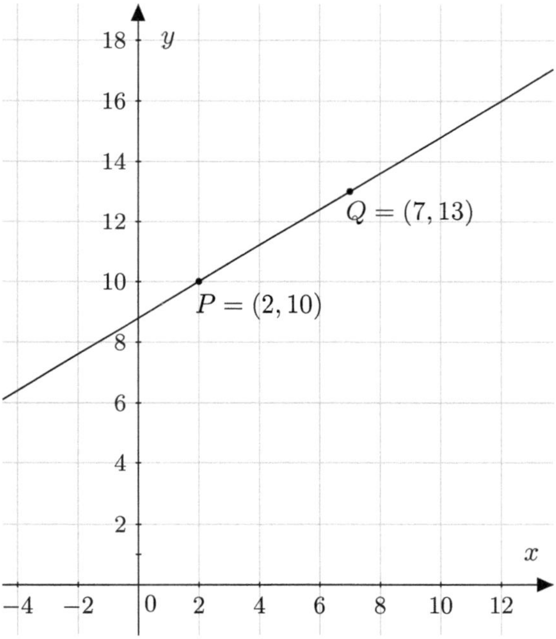

Figur 3: Problem 1. Ekvationen för den räta linjen $\overline{PQ}$ i det givna koordinatsystemet fann vi vara $y = 0.6x + 8.8$.

Exempel 3 (fysik). *Linjära modeller i naturvetenskap och teknik.* Vid en analys av temperaturförändringen i en bastu sjönk temperaturen under 22 minuter från 100.4°C till 71.8°C.

(a) Bestäm en ekvation för temperaturen y (i °C) efter t minuter, under antagandet att temperaturen sjunker linjärt efter det att den började avta.

(b) Vad var enligt modellen temperaturen efter 10 min?

(c) Efter hur många minuter skulle temperaturen ha avtagit till 20 grader Celcius (rumstemperatur), om temperaturförändringen hade fortsatt att vara linjär efter 22 minuter?

Lösning: (a) 1. Vid tiden $t = 0$ min är $y = 100.4°$C , och alltså är m–värdet 100.4.

2. Riktningskoefficienten finner vi genom att beräkna differenskvoten för punkterna $(0, 100.4)$ och $(22, 71.8)$:

$$k = \frac{\Delta y}{\Delta t} = \frac{71.8 - 100.4}{22 - 0} = \frac{-28.6}{22} = -1.3 \ \ °\text{C}/\text{min}$$

3. Ur (1) och (2) får vi den linjära modellen

$$y = 100.4 - 1.3t$$

för beskrivningen av temperaturförändringen i bastun från tiden $t = 0$.

(b) Ur den framtagna modellen får vi $y(10) = 100.4 - 1.3 \cdot 10 = 87.4°$C.

(c) Givet modellen löser vi ekvationen

$$\begin{aligned} 20 &= 100.4 - 1.3t \\ t &= (100.4 - 20)/1.3 = 61.8 \text{ min} \end{aligned}$$

(avrundat till ett lämpligt antal gällande siffror). Om modellen är någorlunda korrekt når bastun rumstemperatur efter cirka en timme. □

1.1.4 Att förklara den räta linjens ekvation

Låt oss titta på följande fråga:

Fråga 1. ”Hur kan man ge en allmän förklaring till varför ekvationen för den räta linjen ser ut som den gör?”

Det är inte helt självklart vad man vill räkna som ett bra svar på

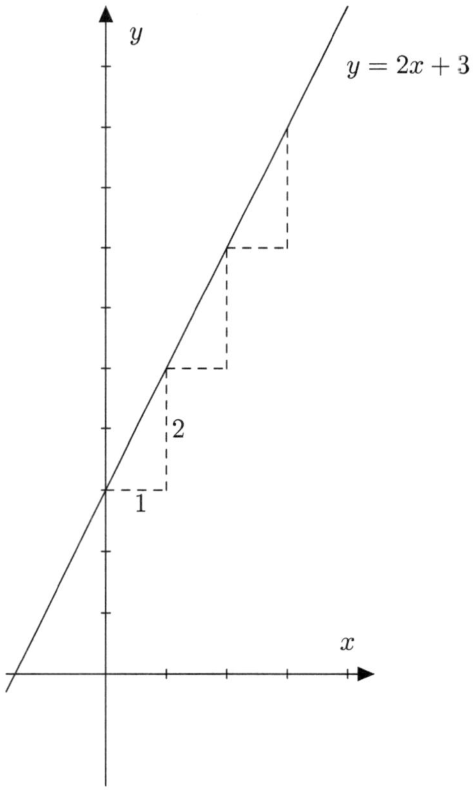

Figur 4: ”Lärarens” illustration till förklaringen av den räta linjens ekvation enligt svarsmönster 1:1.

frågan. Vi har på sätt och vis redan besvarat frågan i problem 1, som i princip följer det här "böjningsmönstret":

> "För att beskriva den räta linjen, börja med att titta på var den skär y–axeln. Undersök därefter hur mycket linjen stiger eller sjunker för varje steg du tar på x–axeln åt höger."
>
> Läraren ritar för hand ett koordinatsystem på tavlan.
>
> "Antag till exempel att linjen skär y–axeln vid tre", säger han och markerar punkten $y = 3$ på tavlan. "Låt oss säga att linjen stiger med två enheter på y–axeln för varje steg i positiv riktning på x–axeln. Alltså såhär —"
>
> L. ritar en sick–sack–kurva som sedan förbinds med en rät linje. På samma gång som han visar med handen säger han:
>
> "Om $x = 0$ så hamnar vi på $y = 3$, om $x = 1$ så har y ökat med 2 till 5, om $x = 2$ så har y ökat med ytterligare 2 till 7. Och så vidare. Här ser vi alltså att ekvationen är $y = 2x + 3$. I allmänhet gäller att $y = kx + m$, så länge linjen inte är parallell med y–axeln."

Detta kallar vi *svarsmönster 1:1*. För de allra flesta studenter i matematik (i olika möjliga sammanhang) brukar det här vara tillräckligt som förklaring till den räta linjens ekvation i cartesiska koordinater. Man känner sig nöjd så. En mer matematiskt "traditionell" härledning/bevis finns i kommentarsavsnittet.

1.1.5 Den räta linjen på normalform

Lägg märke till att ekvationen (I) $y = kx + m$ också kan skrivas om på formen (II)

$$Ax + By = C$$

där i detta fall $A = -k$, $B = 1$ och $C = m$. Den allmänna formen (II) kallas för **den räta linjens ekvation på normalform**. Normalformen täcker även det fall där linjen är parallell med y–axeln. Om linjen beskrivs av $x = a$ motsvarar detta $A = 1$, $B = 0$ och $C = a$.

Om i en ekvation på normalformen (II) gäller att $B \neq 0$ kan riktningskoefficient och konstantterm bestämmas:

$$\begin{aligned} Ax + By &= C \\ By &= -Ax + C \\ y &= -A/Bx + C/B \end{aligned}$$

Av likheten framgår att $k = -A/B$ och $m = C/B$.

Sammanfattning som en display:

[3] *I ett cartesiskt koordinatsystem kan varje rät linje skrivas på normalformen*

$$Ax + By = C$$

och omvänt beskriver varje ekvation på normalform en rät linje.

Exempel 4. Ekvationen $y = 15x - 29$ kan också skrivas $-15x + y = -29$, och omvänt, eftersom

$$y = 15x - 29 \iff -15x + y = -29$$

Här är $A = -15$, $B = 1$ och $C = -29$. □

Exempel 5. Skriv om ekvationen $5x - 8y = -3$ på (k, m)–form och ange lutning och konstantterm.

Lösning: Vi löser ut y i termer av x:

$$\begin{aligned} 5x - 8y &= -3 \\ 5x + 3 &= 8y \\ y &= 5/8x + 3/8 = 0.625x + 0.375 \end{aligned}$$

Alltså är $k = 0.625$ och $m = 0.375$. □

1.2 Cirkelns ekvation

Cirkelns ekvation kan enkelt bestämmas med hjälp av Pythagoras sats. Vi delar upp analysen på två delproblem.

1.2.1 Analys av cirkeln

Problem 2. Bestäm ekvationen för en cirkel med medelpunkten i origo (0,0) och radien r enheter i ett rätvinkligt koordinatsystem.

Lösning: 1. Låt $P = (x, y)$ vara en godtycklig punkt på cirkeln (se figur 5). Låt punkten $Q = (x, 0)$ och $O = (0, 0)$ vara origo.

2. Eftersom triangeln OQP är rätvinklig, följer ur Pythagoras sats att

$$x^2 + y^2 = r^2$$

Detta är cirkelns ekvation. □

Exempel 6. Ekvationen för den cirkel centrerad kring origo som har radien 2 enheter är $x^2 + y^2 = 4$. □

Så till den generella analysen av cirkelns ekvation:

Problem 3. Bestäm ekvationen för en cirkel med medelpunkten $M = (p, q)$ och radien r enheter i ett rätvinkligt koordinatsystem.

Lösning: 1. Det enklaste är att 'flytta' den cirkel centrerad kring origo som har ekvationen $x'^2 + y'^2 = r^2$.

2. Låt cirkeln $C = C(M; r)$ och låt (x, y) vara en godtycklig punkt på cirkeln, alltså $(x, y) \in C$. Eftersom M ligger p respektive q enheter från origo räknat utmed koordinataxlarna, är ett lämpligt variabelbyte

$$x' = x - p$$
$$y' = y - q$$

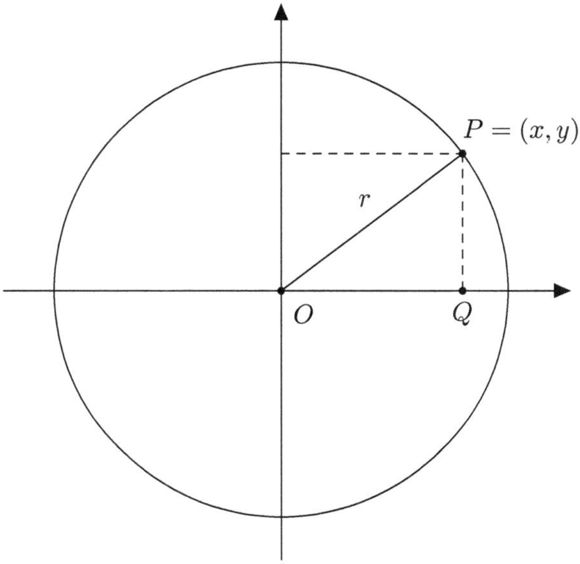

Figur 5: Eftersom triangeln OQP är rätvinklig får vi ur Pythagoras sats att koordinaterna för P uppfyller sambandet $x^2 + y^2 = r^2$. Detta är alltså ekvationen för en cirkel centrerad kring origo.

(För att se att det stämmer, pröva att sätta in koordinaterna för M i variabelbytet.)

3. Insättning av (2) i (1) ger ekvationen

$$(x - p)^2 + (y - q)^2 = r^2$$

Och där är vi klara. □

Exempel 7. Ekvationen för den cirkel som har medelpunkten i $(10, 10)$ och radien 3 enheter är $(x - 10)^2 + (y - 10)^2 = 9$. □

Vi sammanfattar:

[4] *Ekvationen*

$$(x - p)^2 + (y - q)^2 = r^2$$

beskriver i ett rätvinkligt koordinatsystem den cirkel som har medelpunkten (p, q) *och radien* r.

1.2.2 Problemlösning med cirkelns ekvation

Vi kan lösa ut y i termer av x genom att flytta över och dra kvadratroten ur båda leden:

$$y = \begin{cases} \sqrt{r^2 - x^2}, & \text{eller} \\ -\sqrt{r^2 - x^2} \end{cases}$$

där x får variera över intervallet $-r \leq x \leq r$. Det positiva rotuttrycket ger den övre halvcirkeln och det negativa den undre halvcirkeln när man ritar grafen i cartesiska koordinater. De två formlerna för y gör det lätt att rita cirkeln med en dator eller grafritare.

Exempel 8. Angående ekvationen $(x-1)^2 + (y+2)^2 = 16$:

(a) Inom vilket intervall ligger x–koordinaterna för den cirkel ekvationen beskriver?

(b) Bestäm y–koordinaterna för cirkelns skärning med linjen $x = 0$.

Lösning: (a) Ekvationen beskriver en cirkel med radien $\sqrt{16} = 4$ och medelpunkten $(1, -2)$. Detta innebär att x–koordinaterna ligger som mest 4 enheter i negativ riktning från 1 respektive 4 enheter i positiv riktning från 1. Detta ger intervallet $1 - 4 \leq x \leq 1 + 4$, alltså $-3 \leq x \leq 5$. Med mängdlärans sedvanliga notation kan påståendet "x ligger i intervallet ..." skrivas $x \in [-3, 5]$. (Utanför det här intervallet ser vi att ekvationen saknar lösning i de reella talen.)

(b) För att bestämma y–koordinaterna för cirkeln vid $x = 0$ behöver vi lösa ekvationen:

$$\begin{aligned} (0-1)^2 + (y+2)^2 &= 16 \\ (y+2)^2 &= 16 - 1 = 15 \\ y + 2 &= \pm\sqrt{15} \\ y &= \pm\sqrt{15} - 2 \end{aligned}$$

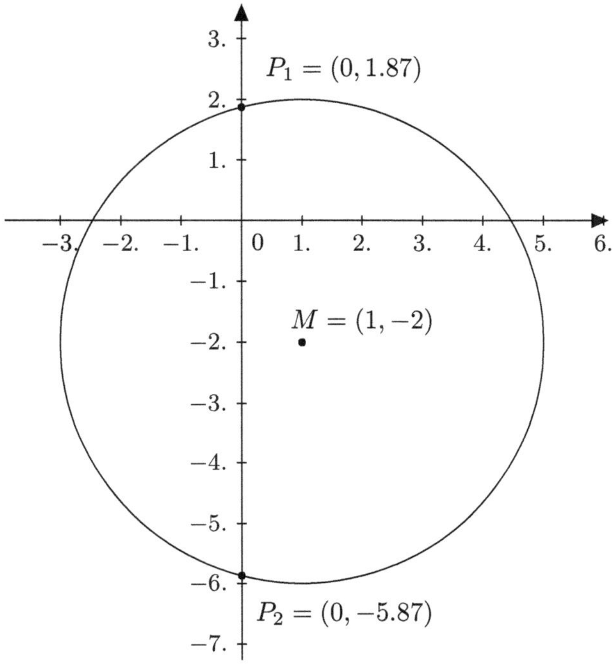

Figur 6: Cirkeln $c : (x-1)^2 + (y+2)^2 = 16$ skär linjen $x = 0$ i punkterna P_1 och P_2.

Detta ger de två lösningarna (svarande mot övre respektive nedre halvcirkel)

$$y_1 = \sqrt{15} - 2 \approx 3.87 - 2 = 1.87$$
$$y_2 = -\sqrt{15} - 2 \approx -3.87 - 2 = -5.87$$

Slutsats: skärningspunkterna har koordinaterna $P_1 = (0, 1.87)$ och $P_2 = (0, -5.87)$, se figur 6. □

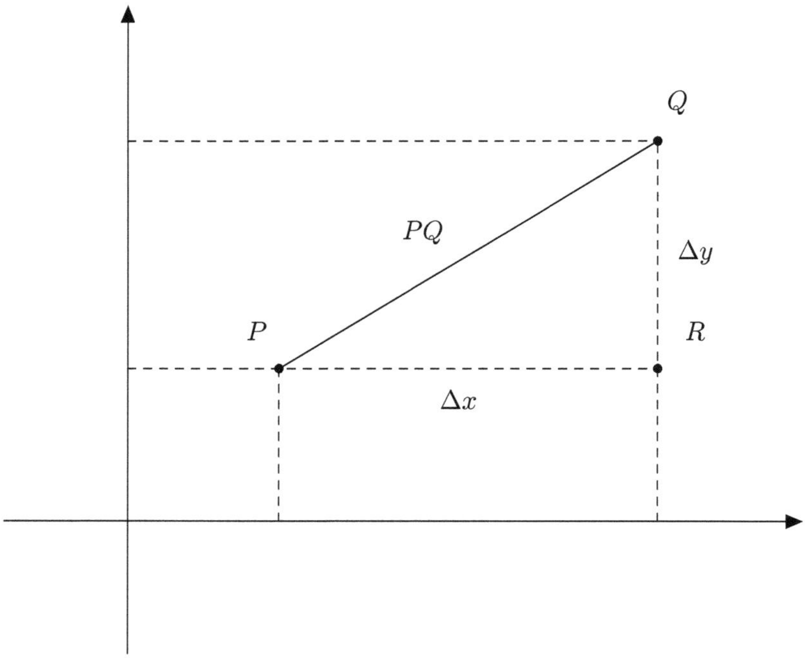

Figur 7: Till härledningen av avståndsformeln. Här gäller $P = (x_1, y_1)$, $Q = (x_2, y_2)$ och $R = (x_2, y_1)$. Triangeln PRQ är rätvinklig, vilket möjliggör tillämpning av Pythagoras sats: $PQ = \sqrt{\Delta x^2 + \Delta y^2}$.

1.3 Avståndsformeln i två dimensioner

1.3.1 Härledning av avståndsformeln

Pythagoras sats ger oss, som matematiker brukar säga, *"omedelbart"* en formel för avståndet mellan två punkter i planet givet deras koordinater:

1. Låt $P = (x_1, y_1)$ och $Q = (x_2, y_2)$ (se figur 7). Låt $R = (x_2, y_1)$. Problemet är alltså att bestämma längden av sträckan PQ.

2. Eftersom triangeln PRQ är rätvinklig följer ur Pythagoras sats att

$$PQ^2 = PR^2 + RQ^2$$

3. Det gäller att $PR^2 = (x_2 - x_1)^2 = \Delta x^2$ och $RQ^2 = (y_2 - y_1)^2 = \Delta y^2$.

4. Insättning av (3) i likheten (2) samt kvadratroten ur bägge leden ger

$$PQ^2 = \Delta x^2 + \Delta y^2$$
$$PQ = \sqrt{\Delta x^2 + \Delta y^2}$$

Och där är vi klara.

Vi har därmed funnit **avståndsformeln (för planet)**:

[5] *Om P och Q är två punkter i planet, så kan avståndet mellan dem beräknas enligt*

$$PQ = \sqrt{\Delta x^2 + \Delta y^2}$$

Som vi ser finns det ett naturligt samband mellan avståndsformeln och ekvationen för en cirkel centrerad kring origo. Cirkelns ekvation skulle också kunna skrivas som

$$\sqrt{x^2 + y^2} = r$$

där $x, y \in \mathbb{R}$.

Exempel 9. Enligt [5] kan avståndet mellan punkterna $P = (3, 4)$ och $Q = (8, 19)$ beräknas till

$$PQ = \sqrt{(8-3)^2 + (19-4)^2} = \sqrt{250} = 15.8113883\ldots$$

Alltså cirka 15.8 enheter. □

1.3.2 Problemlösning med avståndsformeln

Exempel 10. Bildar följande punkter i cartesiska koordinater en parallellogram?

$$A = (4.08, 2.72) \qquad B = (5.74, 7)$$
$$C = (11.46, 8.06) \qquad D = (10.18, 4.46)$$

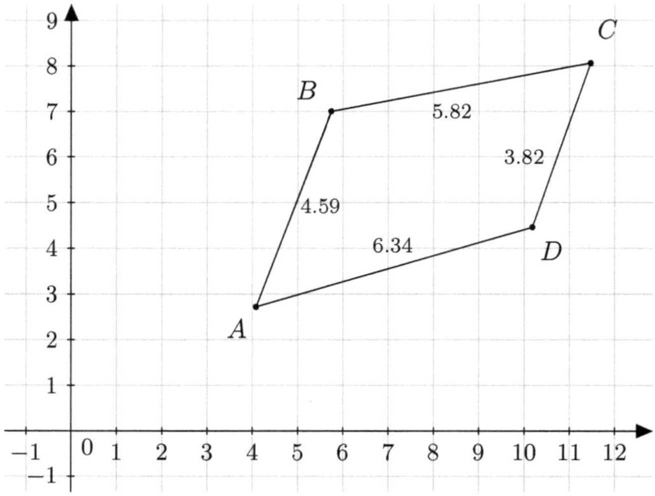

Figur 8: Bildar punkterna A, B, C och D en parallellogram?

Lösning: En väg till problemets lösning vore att noggrannt rita ett koordinatsystem (för hand), pricka in punkterna och se ifall vi får en parallellogram. Dock är det ju inte alltid så att ögat är helt tillförlitligt för att avgöra en fråga, och i sammanhang där många frågor av detta och liknande slag behöver kunna avgöras snabbt och i mycket stor mängd, kan det vara nödvändigt att skriva en algoritm (ett datorprogram) för att låta datorn utföra analysen åt oss.

1. Till att börja med sorterar vi punkterna efter storleken på deras koordinater. Vi ser att det är lämpligt att pröva om fyrhörningen $ADCB$ utgör en parallellogram (där A är det nedre vänstra hörnet och de övriga punkterna räknas moturs).

2. $ADCB$ är en parallellogram om och endast om $AB = DC$ och $AD = BC$.

3. Beräkning av avstånden görs med hjälp av avståndsformeln:

$$
\begin{aligned}
AB &= \sqrt{(5.74-4.08)^2+(7-2.52)^2} \approx 4.59 \\
DC &= \sqrt{(11.46-10.18)^2+(8.06-4.46)^2} \approx 3.82 \\
AD &= ... \approx 6.34 \\
BC &= ... \approx 5.82
\end{aligned}
$$

4. Av (2) och (3) framgår att $ADCB$ inte bildar en parallellogram.

□

2 Kommentarer

2.1 Matematisk fördjupning

2.1.1 Den räta linjens ekvation genom likformiga trianglar

En mer ”traditionell” härledning av den räta linjens ekvation utgår från likformighet för trianglar (*svarsmönster 1:2*):

1. Utan förlust i resonemangets allmängiltighet kan vi anta att linjen ℓ går genom koordinatssystemets origo (eftersom analysen av det allmänna fallet kan återföras på detta). Låt P vara en godtycklig punkt på linjen med koordinaterna (x, y).
2. Antag att y–koordinaten ökar (minskar) med k enheter vid ett steg åt höger på x–axeln. Detta innebär att i triangeln OAB, definierad såsom i figur 9, är sidan $OA = 1$ och $AB = k$.
3. Triangeln OCP är likformig med OAB. Här gäller att längden $OC = x$ och $CP = y$. Alltså är

$$\begin{aligned} OC/OA &= CP/AB \\ x/1 &= y/k \\ kx &= y \end{aligned}$$

Där är vi färdiga.

Ur (1)–(3) följer att en rät linje ℓ som går genom origo har ekvationen $y = kx$. En linje ℓ' som är parallell med ℓ får därmed ekvationen $y = kx + m$.

2.1.2 Något om koordinatbyten

En metod för att utifrån beskrivningen i ett koordinatsystem komma fram till beskrivningen i ett annat koordinatsystem kallas för en **koordinattransformation** (*koordinatbyte*), vilket formuleras explicit

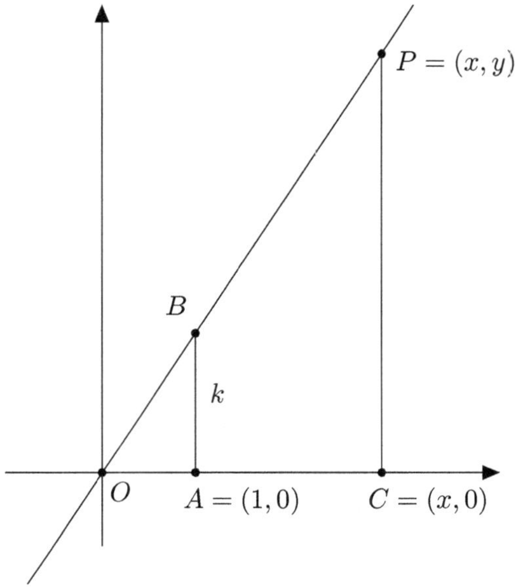

Figur 9: Till den andra härledningen av räta linjens ekvation. Triangeln $OAB \sim OCP$ och alltså är $y/k = x/1$, vilket ger $y = kx$.

genom ett *variabelbyte*.

Låt oss titta på det förmodligen enklaste fallet av koordinattransformation: Två cartesiska koordinatsystem är givna, där det ena är **parallellförskjutet** i förhållande till det andra, såsom i figur 10. Låt oss kalla systemen för K respektive K'. Låt P vara en punkt som har koordinaterna (x, y) i K. Vi ska bestämma koordinaterna (x', y') för P i systemet K'. Låt koordinaterna för systemet K':s origo O' i systemet K vara (a, b). Vi ser att följande samband gäller:

$$x = x' + a$$
$$y = y' + b$$

eller ekvivalent

$$x' = x - a$$
$$y' = y - b$$

Detta variabelbyte definierar således den sökta koordinattransformationen.

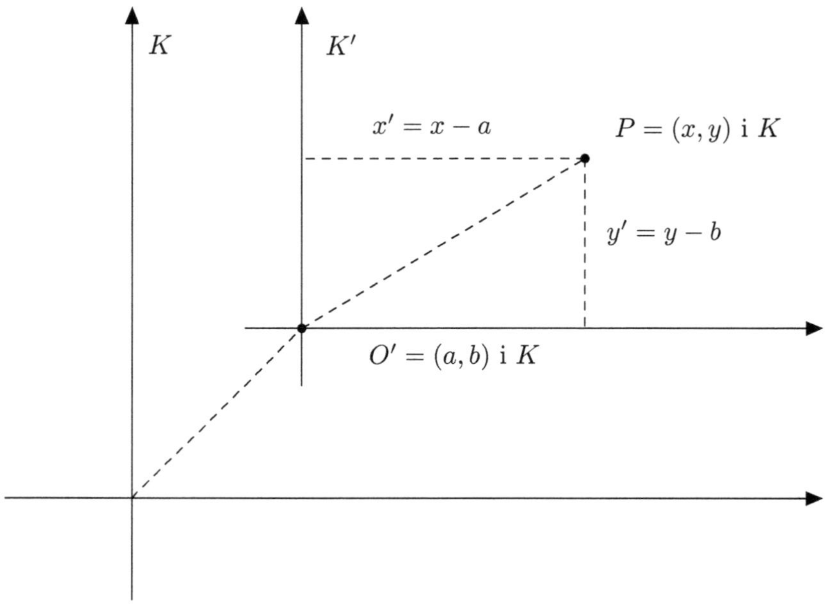

Figur 10: Koordinatsystemet K' är parallellförskjutet i förhållande till systemet K. Om koordinaterna för origo O' till K' i system K är (a, b), så ges koordinattransformationen av $x' = x - a$; $y' = y - b$.

Exempel 11. Koordinattransformationen för ett koordinatsystem som är parallellförskjutet i förhållande till ett redan givet, men som har origo i punkten $O' = (4, 7)$, är $x' = x - 4$ och $y' = y - 7$. Exempelvis får den punkt P som har koordinaterna $(10, 10)$ i K de nya koordinaterna $(x', y') = (10 - 4, 10 - 7) = (6, 3)$ i system K'. □

Man kan också tänka att vi i avsnittet om cirkelns ekvation härledde den allmänna ekvationen via ett byte av koordinater, där vi gjorde en parallellförskjutning av cirkeln kring origo till cirkeln kring punkten (p, q).

Koordinattransformationer är ett viktigt redskap i matematisk problemlösning och inom fysiken. Dessa transformationer kan ofta smidigt analyseras med hjälp av matriser, där transformationen bestämmes genom den så kallade *basbytesmatrisen*, något som studeras i kurser i linjär algebra.

3 Lock/portar

Teorifrågor

F1. Förklara kortfattat vad som menas med: (a) analytisk geometri

(b) ett koordinatsystem (c) en kurva (d) grafen till en ekvation

F2. Vad är principskissen för ett cartesiskt/rätvinkligt koordinatsystem?

F3. Hur definieras riktningskoefficient (k–värde) och m–värde för en rät linje i ett koordinatsystem?

F4. Ange den allmänna formen för den räta linjens ekvation i dessa fall:

(a) linjen är parallell med y–axeln (b) linjen är parallell med y–axeln

(c) linjen är inte parallell med någon av koordinataxlarna

F5. Ange den allmänna formen för cirkelns ekvation i planet.

F6. Hur ser avståndsformeln för planet ut?

F7. Ge en förklaring/härledning till: (a) den räta linjens ekvation

(b) cirkelns ekvation (c) avståndsformeln för planet

Problem

P4. Ange (på ett ungefär) koordinaterna för punkterna A, B, C och D enligt figur 11.

P5. Bestäm ekvationen för en rät linje som i ett cartesiskt koordinatsystem går genom punkterna:

(a) $(2, 3)$ och $(6, 10)$ (b) $(-8, 15)$ och $(9, 10)$ (c) $(0.01, 3.4)$ och $(0.05, 101.5)$

P6. Skär linjen $y = 45 - 5.5x$ x–axeln och var då i så fall?

P7. *Linjära modeller i ekonomi.* Kostnaden för att anlita en viss målarfirma A är 99 kr/h. En annan firma B tar 200 kr i grundavgift och därefter 89 kr/h.

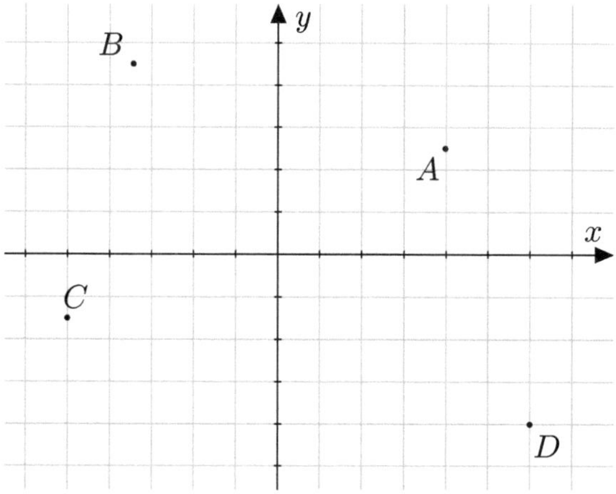

Figur 11: Problem 4. Ange (på ett ungefär) koordinaterna för punkterna A, B, C och D.

(a) Ställ upp ekvationer som beskriver kostnaden för A respektive B efter x timmars arbete. Rita funktionsgraferna i ett cartesiskt koordinatsystem.

(b) Hur många timmar får man för 1000 kr hos firma A respektive B?

(c) Hur många timmar behöver man minst anlita B för att tjäna på det?

P8. *Linjära modeller i naturvetenskap och teknik.* Grundämnet koppar (Cu) har densiteten $\rho(\text{Cu}) = 8{,}96\ \text{g/cm}^3$. Antag att en viss jämntjock typ av koppartråd har tjockleken 0,30 cm (och cirkelformad tvärsnittsyta).

(a) Ställ upp en ekvation som beskriver massan m hos koppartråden som en funktion av dess längd l.

(b) Rita m mot den oberoende variabeln l i ett koordinatsystem.

(c) Hur lång koppartråd av den angivna typen kan maximalt utvinnas ur 3,22 kg koppar?

P9. Bestäm ekvationen för en cirkel som i ett cartesiskt koordinatsystem har medelpunkten $(5, 8)$ och radien 7 enheter.

P10. Skär cirkeln $c : (x-3)^2 + (y+4)^2 = 25$ linjen $\ell : 7x + 13y = -5$ och i så fall i vilken/vilka punkter?

P11. Beräkna avståndet mellan punkterna:

(a) $(0, 0)$ och $(9, 16)$ (b) $(-5, -1)$ och $(8, 1)$ (c) $(5, -3)$ och $(-10, 20)$

P12. Bildar punkterna en liksidig triangel?

$$A = (2.12, -2.52) \quad B = (10.72, -4.70) \quad C = (8.31, 3.84)$$

P13*. Fungerar härledningen för den räta linjens ekvation enligt svarsmönster 1:2 (i kommentarerna) även i det fall $k < 0$, och varför då?

Ekvationer och polynom av andra graden

Artikel 3 ur DFM, portfölj IV

Innehåll

Abstract

Artikeln går igenom grundkunskaperna om polynom och polynomekvationer av grad 2.

1 Kärninnehåll

1.1 Polynom och polynomekvationer. Andragradsekvationer och andragradsfunktioner

Ett **polynom av första graden** är ett algebraiskt uttryck på formen

$$Ax + B$$

där $A \neq 0$ och B är konstanta tal, som kallas för polynomets **koefficienter**. En ekvation som kan skrivas (eller skrivas om) på formen

$$Ax + B = 0$$

kallas för en **förstagradsekvation** eller **linjär ekvation**. Detta är en *elementär* ekvation, som kan lösas genom de fyra räknesätten. Även ekvationen i två variabler x och y

$$y = Ax + B$$

kallar vi en ekvation av första graden. Den 2–variabla formen beskriver y som en funktion av den oberoende variabeln x, eftersom varje möjligt värde på x 'spottar ut' ett entydigt bestämt värde på y. Vi talar om en **förstagradsfunktion** eller **linjär funktion**.

Exempel 1. Det algebraiska uttrycket $5x - 8$ är ett förstagradspolynom, som har variabeln x och konstantterm (-8) och x–koefficient 5.

Ekvationen $y = 5x - 8$ beskriver en förstagradsfunktion. Förstagradsekvationen $5x - 8 = 0$ kan vi lösa på sedvanligt sätt:

$$\begin{aligned} 5x - 8 &= 0 \\ 5x &= 8 \\ x &= 8/5 = 1.6 \end{aligned}$$

□

Ett **polynom av andra graden** är ett algebraiskt uttryck på formen

$$Ax^2 + Bx + C$$

med koefficienterna A, B och C. En ekvation som kan skrivas (eller skrivas om) på formen

$$Ax^2 + Bx + C = 0$$

kallas för en **andragradsekvation** eller **kvadratisk ekvation**. För enhetlighet i uttryckssättet kallar vi även ekvationen i två variabler x och y

$$y = Ax^2 + Bx + C$$

för en andragradsekvation eller kvadratisk ekvation. Den 2–variabla ekvationen beskriver y som en funktion av den oberoende variabeln x, eftersom varje möjligt värde på x 'spottar ut' ett entydigt bestämt värde på y. Vi talar då om en **andragradsfunktion** eller **kvadratisk funktion**.

Exempel 2. Uttrycket $4x^2 - 8x + 2$ definierar ett andragradspolynom, med variabeln x och konstanttermen 2, x–koefficienten (-8) samt x^2–koefficienten 4. Hur man kan analysera andragradsfunktioner som $y = 4x^2 - 8x + 2$ och lösa andragradsekvationer såsom $4x^2 - 8x + 2 = 0$ är föremålet för det här dokumentet. □

I analogi med dessa specialfall talar man generellt om ett **polynom** $p(x)$ av **grad** n (för något naturligt tal n) som ett algebraiskt uttryck på formen

$$A_n x^n + \cdots + A_2 x^2 + A_1 x + A_0$$

där x är en variabel och $A_0, A_1, A_2, \ldots, A_n$ är konstanter (reella eller komplexa), som liksom förut kallas för polynomets **koefficienter**. En **polynomfunktion** av grad n är en funktion som kan beskrivas av ekvationen $y = p(x)$, för något polynom av grad n. En **polynomekvation av grad** n eller n**:te–gradsekvation** är en ekvation på formen

$$p(x) = 0$$

där $p(x)$ är ett polynom av n:te graden. Koefficienterna kallas också för ekvationens **parametrar**.

Exempel 3. (a) $x + 1$ är exempel på ett polynom av första graden; här är $A_0 = 1$ och $A_1 = 1$.

(b) $x^2 - x - 1$ är ett polynom av andra graden; här är $A_0 = -1$, $A_1 = -1$ och $A_2 = 1$.

(c) $7x^3 + x^2 - x + 1$ är ett polynom av tredje graden; här är $A_0 = 1$, $A_1 = -1$, $A_2 = 1$ och $A_3 = 7$.

(d) $300x^{100} + 200x^2$ är ett polynom av grad 100 (ett hundragradspolynom); här är $A_{100} = 300$ och $A_2 = 200$, men $A_k = 0$ för alla $k \notin \{100, 2\}$. □

1.2 Att lösa andragradsekvationer

Vi delar upp analysen av andragradsekvationen

$$Ax^2 + Bx + C = 0$$

på tre delproblem (vilket är det vanliga i dagens svenska skola). Men dessförinnan några ord om grafisk lösning av andragradsekvationen.

1.2.1 Enkla andragradsekvationer

En andragradsekvation som har någon av formerna

$$Ax^2 + C = 0$$

med $B = 0$, eller

$$Ax^2 + Bx = 0$$

med $C = 0$, kallar vi för **enkla** andragradsekvationer (följande bruket i svensk skola). Anledningen till detta namn är att dessa typer av ekvationer är enkla att lösa, ur algebraisk synvinkel. Här är det underförstått att $A \neq 0$.

Problem 1(a). Lös ekvationen $Ax^2 + C = 0$.

Lösning: Lösningen finner vi genom subtraktion, division och rotutdragning. Notera att vi får två lösningar, en positiv och en negativ kvadratrot:

$$\begin{aligned} Ax^2 + C &= 0 \\ Ax^2 &= -C \\ x^2 &= -C/A \\ x &= \pm\sqrt{-C/A} \end{aligned}$$

Om kvadratroten är definierad, så har vi de två lösningarna $x = \sqrt{-C/A}$ respektive $x = -\sqrt{-C/A}$. $\square$

I det fall uttrycket under kvadratroten inte är ett icke–negativt reellt tal, så har ekvationen endast komplexa lösningar.

Exempel 4. (a) Låt oss lösa:

$$
\begin{aligned}
4x^2 - 25 &= 0 \\
4x^2 &= 25 \\
x^2 &= 25/4 \\
x &= \pm\sqrt{25/4} = \pm(\sqrt{25}/\sqrt{4}) = \pm\frac{5}{2}
\end{aligned}
$$

Vi har två lösningar $x_1 = 2.5$ och $x_2 = -2.5$. Vi kan också göra en kontrollräkning:

$$
\begin{aligned}
&4 \cdot 2.5^2 = 4 \cdot 6.25 = 25 \\
&25 - 25 = 0
\end{aligned}
$$

Det stämmer.

(b) Låt oss nu titta på ekvationen:

$$
\begin{aligned}
x^2 + 9 &= 0 \\
x^2 &= -9 \\
x &= \pm\sqrt{-9}
\end{aligned}
$$

Kvadratroten ur ett negativt tal är odefinierad i de reella talen. Ekvationen saknar alltså lösning i $\mathbb{R}$. Om man däremot går över till det komplexa talområdet $\mathbb{C}$ har ekvationen två lösningar, $3i$ respektive $-3i$. □

Vi återkommer till fallet med komplexa lösningar till en andragradsekvation längre fram i texten.

Problem 2(b). Lös ekvationen $Ax^2 + Bx = 0$.

Lösning: 1. I detta fall börjar vi med att faktorisera VL. Ekvationen är ekvivalent med:

$$x(Ax + B) = 0$$

2. En produkt av två tal, i detta fall x och $Ax + B$, är 0 endast om

minst en av faktorerna är 0.

3. En lösning är uppenbarligen $x = 0$, den andra lösningen får vi genom att lösa förstagradsekvationen

$$\begin{aligned} Ax + B &= 0 \\ x &= -B/A \end{aligned}$$

Detta är den andra lösningen. □

En enkel ekvation av denna andra typ har alltid sina lösningar i de reella talen, om koefficienterna är reella.

Exempel 5. Lös andragradsekvationen $2x^2 + 15x = 0$.

Lösning: Faktorisering ger

$$\begin{aligned} 2x^2 + 15x &= 0 \\ x(2x + 15) &= 0 \end{aligned}$$

Antingen så är $x = 0$ eller så är $2x+15 = 0$. Till förstagradaren:

$$\begin{aligned} 2x + 15 &= 0 \\ x &= -15/2 = -7.5 \end{aligned}$$

Vi får de två lösningarna $x = 0$ respektive $x = -7.5$. □

1.2.2 Andragradsekvationer på (p, q)–form

En andragradsekvation med andragradskoefficienten $A = 1$, som alltså kan skrivas

$$x^2 + px + q = 0$$

säger vi vara på (p, q)–**form**.[1]

Problem 3. Lös ekvationen $x^2 + px + q = 0$.

Lösning: 1. Lösningen består i att genom en omskrivning av det algebraiska uttrycket i vänsterledet *reducera* den givna ekvationen till en ekvivalent ekvation på enkel form. Vi försöker finna tal a och b sådana att den givna ekvationen är ekvivalent med (har samma lösningar som)

$$(x + a)^2 + b = 0$$

2. Vi påminner oss kvadreringsregeln och utvecklar vänsterledet

$$(x + a)^2 = x^2 + 2ax + a^2$$

En möjlighet här är att sätta $a = p/2$, vilket ger

$$(x + p/2)^2 = x^2 + px + (p/2)^2$$

3. För att bli av med den extra termen subtraherar vi $(p/2)^2$. Vi sätter alltså $a = p/2$ och $b = -(p/2)^2 + q$:

$$x^2 + px + q = (x + a)^2 + b = (x + p/2)^2 - (p/2)^2 + q$$

Med denna omskrivning av uttrycket säger vi att vi har **kvadratkompletterat** vänsterledet.

4. Låt oss nu lösa ekvationen

$$(x + p/2)^2 - (p/2)^2 + q = 0$$

Detta är en enkel ekvation av det första slaget, bortsett från varia-

[1]Anledningen till att vi väljer bokstäverna p och q istället för B och C handlar dels om att det är det vanliga i svenska läroböcker i matematik och dels om att vi här löser allmänna andragradsekvationer genom att reducera ekvationen till (p, q)–form, varvid $p \neq B$ och $q \neq C$ kan vara fallet.

belbytet från x till $(x + p/2)$:

$$\begin{aligned}(x + p/2)^2 &= (p/2)^2 - q \\ x + p/2 &= \pm\sqrt{(p/2)^2 - q} \\ x &= -p/2 \pm \sqrt{(p/2)^2 - q}\end{aligned}$$

Och där är vi klara. □

Den lösningsformel vi har kommit fram till i sista steget brukar kallas för (p, q)–**formeln** (i svensk skola åtminstone). Lösningen till problemet visar att andragradsekvationen $x^2+px+q = 0$ har reella lösningar beroende på vilket tecken den så kallade **diskriminanten**

$$(p/2)^2 - q$$

får. Om denna term är negativ saknas reella lösningar; däremot finns alltid komplexa lösningar. Om diskriminanten är lika med noll, har andragradsekvationen endast en lösning, nämligen $x = -p/2$. Men för enhetlighet i uttryckssättet säger man ofta i matematiken att andragradsekvationen har 'två' lösningar — som eventuellt är lika med varandra!

[1] *Ekvationen $x^2 + px + q = 0$, med koefficienterna p och q, har de två lösningarna*

$$x = -\frac{p}{2} \pm \sqrt{\left(\frac{p}{2}\right)^2 - q}$$

Som vi ser har vi nu åtminstone två vägar till lösningen av en andragradsekvation på (p, q)–form: Antingen så utnyttjar vi direkt lösningsformeln eller så går vi genom alla stegen själva och kvadratkompletterar uttrycket. Låt oss genomföra båda varianter för ett konkret exempel:

Exempel 6. Lös ekvationen $x^2 - x - 1 = 0$.

Lösning: Låt oss först (a) lösa den genom kvadratkomplettering:

$$x^2 - x - 1 = (x - 1/2)^2 - (1/2)^2 - 1 = (x - 1/2)^2 - 5/4$$

Detta ger oss

$$\begin{aligned} (x - 1/2)^2 &= 5/4 \\ x - 1/2 &= \pm\sqrt{5/4} = \pm\sqrt{5}/2 \\ x &= 1/2 \pm \sqrt{5}/2 \end{aligned}$$

Ekvationen har de två lösningarna

$$x_1 = \frac{1+\sqrt{5}}{2} \quad \text{eller} \quad x_2 = \frac{1-\sqrt{5}}{2}$$

(b) Som vi ser ger lösningsformeln ett identiskt resultat:

$$\begin{aligned} x &= -\frac{-1}{2} \pm \sqrt{\left(\frac{-1}{2}\right)^2 - (-1)} = \frac{1}{2} \pm \sqrt{\frac{1}{4} + 1} = \frac{1}{2} \pm \sqrt{\frac{5}{4}} \\ &= \frac{1}{2} \pm \frac{\sqrt{5}}{2} \end{aligned}$$

□

Den ena av lösningarna till ekvationen, den vi betecknat x_1, i problem 3 har ett speciellt namn och beteckning i matematiken. Den kallas för **det gyllene snittet** och betecknas med den lilla grekiska bokstaven φ ("fi"). Det gyllene snittet är ett irrationellt tal med de första tio decimalerna

$$\varphi = 1.6180339887\ldots$$

Du kan läsa mer om det gyllene snittet i artikeln *Det gyllene snittet* ur geometriportföljen.

1.2.3 Den allmänna andragradsekvationen

Snarare än att utveckla en allmän lösningsformel (vilket överlåtes på läsaren som en nyttig övning, se problem 17) nöjer vi oss med ett exempel som illustrerar den allmänna metoden för att lösa en andragradsekvation. Den metod vi här använder är att reducera ekvationen till en ekvivalent ekvation på (p, q)–form, genom att dividera VL och HL med x^2–koefficienten A.

Problem 4. Lös ekvationen $p(x) = 0$ där $p(x) = 4x^2+10x-15$.

Lösning. 1. Vi reducerar ekvationen genom att dividera VL och HL med x^2–koefficienten 4:

$$4x^2 + 10x - 15 = 0 \iff x^2 + 2.5x - 7.5 = 0$$

2. Den reducerade ekvationen kan vi lösa med (p, q)–formeln [1]:

$$x^2 + 2.5x - 7.5 = 0 \iff$$
$$x = -\frac{2.5}{2} \pm \sqrt{\left(\frac{2.5}{2}\right)^2 - (-7.5)} = -1.25 \pm \sqrt{8.9625}$$

Detta ger de två approximativa lösningarna $x_1 \approx -4.2437$ samt $x_2 \approx 1.7437$. Och där är vi klara. □

1.2.4 Komplexa lösningar till andragradsekvationen

Att finna de komplexa lösningarna till en andragradsekvation (som saknar reella lösningar) är egentligen ganska så rakt på sak.

(I) Låt oss titta på den enkla ekvationen $x^2 + C = 0$, där $C > 0$, till att börja med. Med räknereglerna för komplex aritmetik får vi

$$(\sqrt{C}i)^2 = (\sqrt{C})^2 i^2 = C \cdot (-1) = -C$$

En komplex lösning till ekvation (I) är alltså $x_1 = \sqrt{C}i$. Högerledet är per definition lika med $\sqrt{-C}$. Den andra komplexa lösningen är

$x_2 = -\sqrt{C}i$. Sammanfattningsvis kan de komplexa lösningarna till ekvationen $x^2 = -C$ skrivas

$$x = \pm\sqrt{C}i$$

Exempel 7. Ekvationen $x^2 = -16$ har lösningarna $x = \pm\sqrt{16}i = \pm 4i$. □

(II) Med en ekvation på (p, q)–form är det bara att stoppa in p och q i lösningsformeln och beräkna den komplexa kvadratroten såsom i (I).

Exempel 8. Ekvationen $x^2 - 6x + 13 = 0$ har lösningarna

$$x = 3 \pm \sqrt{3^2 - 13} = 3 \pm \sqrt{-4} = 3 \pm 2i$$

alltså $x_1 = 3 + 2i$ respektive $x_2 = 3 - 2i$. □

(III) I det allmänna fallet är en metod att reducera den givna ekvationen till (p, q)–form genom att dividera ekvationsleden med x^2–koefficienten, och sedan återföra beräkningen på fall (II).

Exempel 9. Vi löser ekvationen:

$$\begin{aligned}
-2x^2 + 5x - 7 &= 0 \\
x^2 - 2.5x + 3.5 &= 0 \\
x &= 1.25 \pm \sqrt{1.25^2 - 3.5} \\
&= 1.25 \pm \sqrt{-1.9375} \\
&= 1.25 \pm \sqrt{1.9375}i
\end{aligned}$$

De två lösningarna är $x_1 \approx 1.25 + 1.39i$ samt $x_2 \approx 1.25 - 1.39i$. □

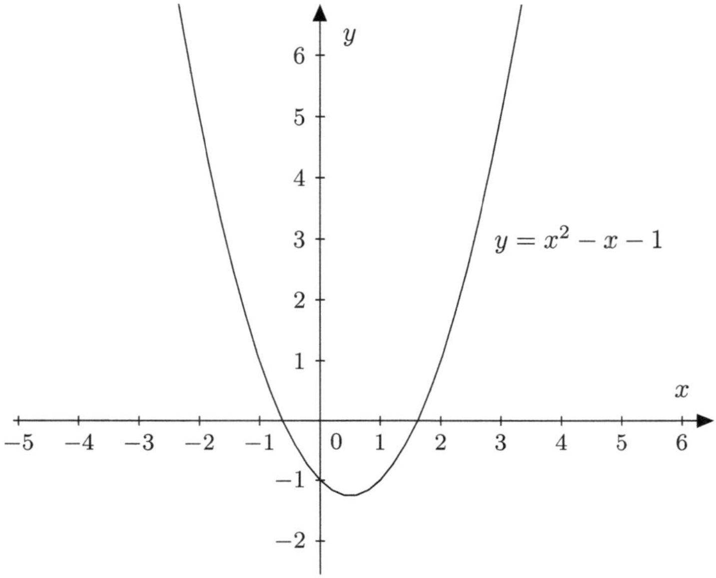

Figur 1: Grafen till ekvationen/funktionen $y = x^2 - x - 1$ bildar en parabel i ett rätvinkligt koordinatsystem.

1.3 Andragradspolynom och parabeln

Ekvationen eller funktionen $y = p(x)$, där $p(x)$ är ett andragradspolynom med reella koefficienter, beskriver i det cartesiska koordinatsystemet för planet den kurva som i geometrin kallas för en **parabel** (se figur 1). Det är inte per definition så att ett andragradspolynom beskriver en parabel, utan det är ett matematiskt resultat, ett teorem, att det finns denna koppling. En förklaring till anknytningen ges i artikeln *Kägelsnittens ekvationer i rätvinkliga koordinatsystem: ellips, parabel, hyperbel.*

1.3.1 Nollställena till ett andragradspolynom

De värden på den oberoende variabeln x för vilka $p(x) = 0$ kallas för polynomets **nollställen**. Dessa är också nollställen till funktionen $y = p(x)$. Dessutom visar de var den motsvarande parabelns skärningspunkter med x–axeln är lokaliserade, i det fall kurvan skär x–axeln. Kurvan skär x–axeln om och endast om ekvationen $y = p(x)$ har lösningar bland de reella talen. Man säger då att polynomet $p(x)$ har *reella nollställen*, i det andra möjliga fallet *komplexa nollställen*.

Exempel 10. I figur 1 visas grafen till funktionen $y = x^2 - x - 1$. Nollställena till detta andragradspolynom bestämde vi i problem 4. Parabeln skär alltså x–axeln i punkterna $(0.5\sqrt{5-1}, 0)$ och $(0.5\sqrt{5+1}, 0)$.

Funktionen $y = x^2 + 1$ saknar däremot reella nollställen och den motsvarande parabeln skär inte x–axeln. Polynomets komplexa nollställen är $\pm i$, där i är den imaginära enheten. □

1.3.2 Parabelns extrempunkt

Om x^2–koefficienten är positiv så är parabeln vänd uppåt och har en **minimipunkt** någonstans, vilket på samma gång utgör hela kurvans vändpunkt och minsta värde. Om x^2–koefficienten är negativ så är parabeln istället vänd nedåt och har en **maximipunkt** någonstans, vilket förstås också utgör kurvans vändpunkt men istället dess största värde. Maximi– och minimipunkter kallas med en samlingsterm för **extrempunkter** till en funktion och/eller kurva. Med **extremvärdet** åsyftas y–koordinaten för extrempunkten.

Låt oss nu titta på problemet att bestämma extrempunkten till en parabel/ andragradspolynom. Vi inser att om parabeln skär x–axeln så ligger extrempunkten precis mittemellan funktionens nollställen. Vi delar upp analysen på några olika fall (där vi antar att alla koefficienter är reella), parallellt med analysen i föregående kapitel:

Problem 5(a). Bestäm extrempunkten till parabeln $y = Ax^2 + B$.

Lösning: Eftersom x–koefficienten är noll, så är kurvan symmetrisk kring y–axeln. Funktionen beskriver en förskjutning av parabeln Ax^2

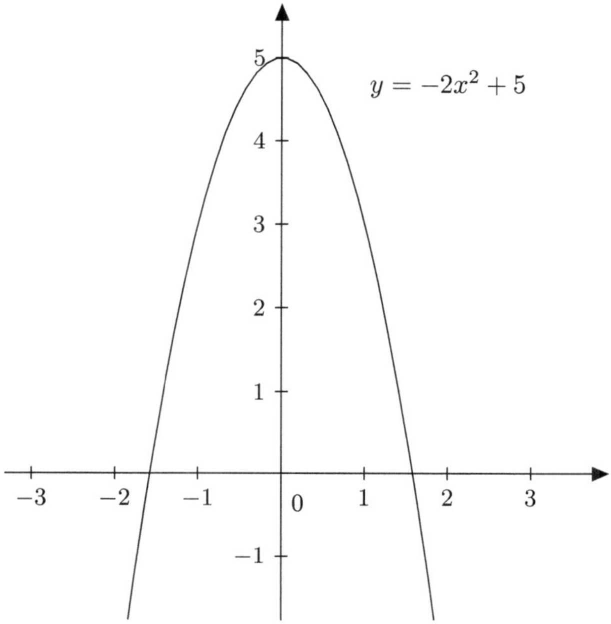

Figur 2: Grafen till ekvationen $y = -2x^2 + 5$ är symmetrisk kring y–axeln, eftersom x–koefficienten är noll. Maximipunkten finner vi vid $(0, 5)$.

med B enheter på y–axeln. Det innebär att extrempunkten finns vid $x = 0$, vilket ger extremvärdet $y(0) = A \cdot 0^2 + B = B$ helt enkelt. $\square$

Exempel 11(a). I figur 2 visas ett exempel på hur det kan se ut med $y = -2x^2 + 5$. Maximipunkten ligger vid $x = 0$ och maximivärdet är $y = 5$. $\square$

Problem 5(b). Bestäm extrempunkten till parabeln $y = Ax^2 + Bx$.

Lösning: Funktionen har de reella nollställena $x = 0$ respektive $x = -B/A$. Extrempunkten ligger precis mittemellan de två nollställena, alltså vid

$$x = \frac{-B}{A} \cdot \frac{1}{2} = \frac{-B}{2A}$$

$\square$

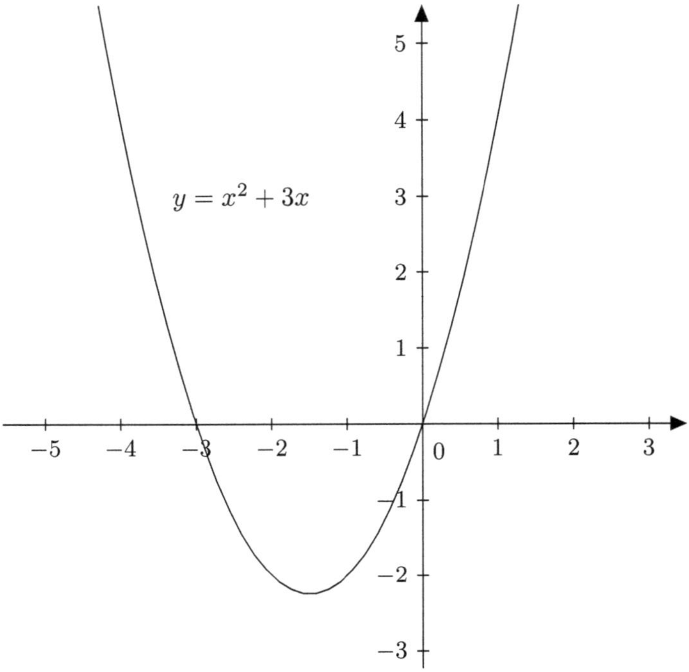

Figur 3: Kurvan till ekvationen $y = x^2 + 3x$ skär x–axeln i punkterna $x = 0$ samt $x = -3/1 = -3$, vilket ger extrempunkten $x = -1.5$.

Exempel 11(b). I figur 3 visas exemplet $y = x^2 + 3x$, vilket ger extrempunkten vid

$$x_0 = -B/2A = -3/2 = -1.5$$

Insättning av x_0 i funktionen ger extremvärdet

$$y(-1.5) = (-1.5)^2 + 3 \cdot (-1.5) = 2.25 - 4.5 = -2.25$$

□

Problem 5(c). Bestäm extrempunkten till funktionen $y = x^2 + px + q$.

Här kan vi inte omedelbart säga ifall extrempunkten ligger mittemellan nollställena, eftersom det inte är säkert att parabeln överhuvudtaget skär x–axeln. Faktum är att den komplexa aritmetiken ändå kommer att *tillåta oss att säga* att parabelns extrempunkt 'ligger mittemellan' polynomets nollställen, även i det fall nollställena är komplexa! Dock, för tydlighetens skull, låt oss analysera situationen längs med en väg där vi inte behöver ta hänsyn till möjligheten att polynomet saknar reella nollställen. På så sätt behöver vi inte blanda in möjligheten av komplexa kvadratrotsuttryck.

Lösning: 1. Vad vi gör här är att vi kvadratkompletterar polynomet och tänker efter var extrempunkten är att förvänta. Kvadratkomplettering av andragradspolynomet på exakt samma sätt som i problem 3 ger

$$x^2 + px + q = (x + p/2)^2 - (p/2)^2 + q$$

2. Eftersom den kvadratterm som innehåller x alltid är icke–negativ, följer att denna term har sitt *minsta möjliga* värde när

$$x = -p/2$$

I det fallet blir $(x + p/2)^2 = 0^2 = 0$.

3. Ur (1) och (2) drar vi slutsatsen att kurvan har sin minimipunkt vid $x = -p/2$. Problemet är löst. □

Å andra sidan, om vi helt *formellt* betraktar (p, q)–formeln, utan att ta hänsyn till möjligheten av att $\sqrt{(p/2)^2 - q}$ är en komplex kvadratrot, ser vi att termen $-p/2$ dyker upp som första term! För att få lösningarna till ekvationen är det ju så att roten ur diskriminanten helt enkelt adderas respektive subtraheras från $-p/2$. Extrempunkten återfinns alltså 'mittemellan nollställena' även i det fall dessa är komplexa. Här ser vi ett klassiskt exempel på hur introduktionen av komplexa tal strömlinjeformar den matematiska analysen.

Exempel 11(c). Nollställena till andragradsfunktionen $y = x^2 - 3x + 5$ får vi enligt (p, q)–formeln som:

$$x = -(-3)/2 \pm \sqrt{(-3/2)^2 - 5} = 1.5 \pm \sqrt{-2.75}$$

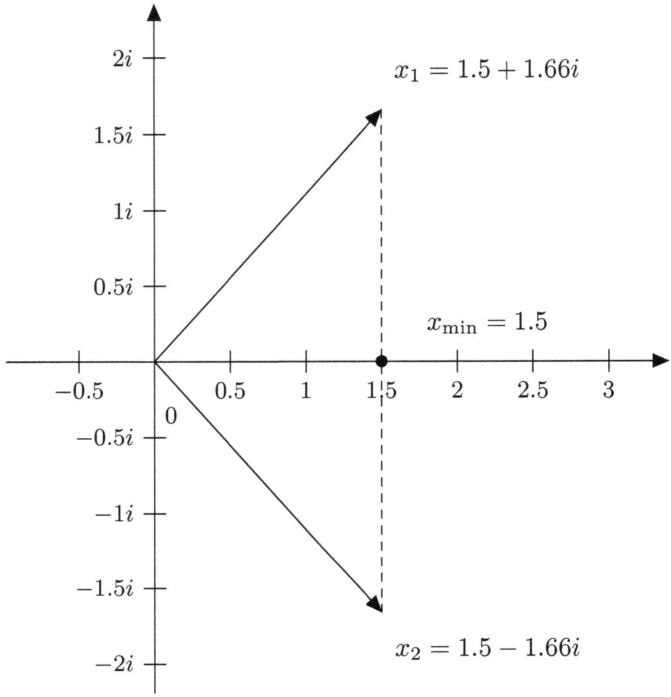

Figur 4: Minimipunkten för den parabel som ekvationen $y = x^2 - 3x + 5$ beskriver har x–koordinaten $x_{\min} = -(-3)/2 = 1.5$. Minimipunkten ligger, kan man säga, mittemellan de komplexa nollställena x_1 och x_2 till andragradspolynomet.

vilket ger de två komplexa lösningarna $x_1 \approx 1.5 + 1.66i$ respektive $x_2 \approx 1.5 - 1.66i$. Minimipunkten $x = 1.5$ kan sägas ligga 'mittemellan' de komplexa lösningarna (se figur 4). □

Låt oss sammanfatta:

[2] *Minimipunkten till andragradsfunktionen $y = x^2 + px + q$ har x–koordinaten*

$$x = -p/2$$

som ligger 'mittemellan' polynomets nollställen.

Exempel 11(d). Parabeln $y = x^2 - 10x + 15$ har enligt sats [2] sitt minimum i punkten $x = -(-10)/2 = 5$, för vilken $y = 25 - 50 + 15 =$

-10. Som framgår av figur 5 är parabeln symmetrisk kring linjen $x = 5$. □

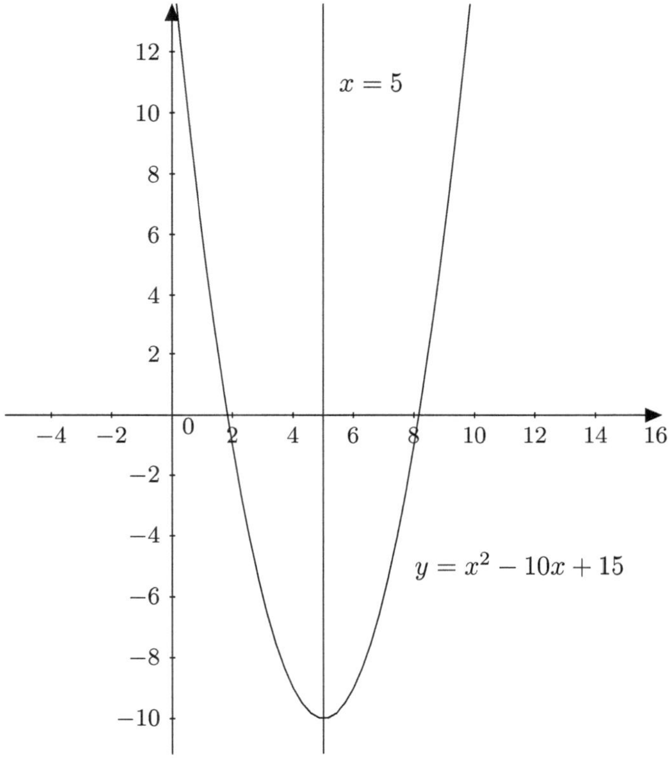

Figur 5: Andragradsfunktionen $y = x^2 - 10x + 15$ är på (p, q)–form och har sin minimipunkt vid $x = -p/2 = -(-10)/2 = 5$. Som vi ser är parabeln symmetrisk kring linjen $x = 5$.

Liksom i föregående kapitel nöjer vi oss med att avslutningsvis illustrera den allmänna analysen med hjälp av ett konkret exempel:

Problem 5(d). Finn maximipunkten på parabeln $y = -3x^2 + 9x - 6$.

Lösning: 1. Principen här är att återföra analysen av detta fall på föregående fall, där polynomet har (p, q)–form.

2. Vi bryter ut x^2–koefficienten (-3) och erhåller:

$$y = -3(x^2 - 3x + 2) = -3y_0$$

3. Vi inser att y har sitt *största* värde när faktorn y_0 är som *minst*.

4. Men y_0 har sitt minimum i punkten $x = -p/2 = -(-3)/2 = 1.5$, enligt den nyss härledda sats [2].

5. Ur (3) och (4) drar vi slutsatsen att maximum för parabeln y finns vid $x = 1.5$. Maximivärdet får vi genom insättning i polynomet:

$$y(1.5) = -3 \cdot (1.5)^2 + 9 \cdot 1.5 - 6 = 0.75$$

Och där är vi klara. □

Lösningen till ovanstående problem illustrerar det allmänna matematiska faktum att multiplikation eller division av en reellvärd funktion med någon konstant faktor (förutom 0 förstås) inte förändrar lokaliseringen hos dess extrempunkter utmed x–axeln, dock utmed y–axeln.

1.4 Exempel på problemlösning och tillämpningar

Andragradsekvationer– och funktioner dyker upp hela tiden i problemställningar och modeller (formler) inom geometri, naturvetenskap och teknologi.

Exempel 12 (geometri). En rätvinklig triangel har en katet som är 6 m kortare än den andra kateten och en hypotenusa som är 14 m. Bestäm triangelns sidor.

Lösning. 1. Kalla den kortaste (förstnämnda) katetens längd x. Enligt informationen i uppgiften är den andra katetens längd $x+6$.

2. Ur Pythagoras sats får vi andragradsekvationen

$$\begin{aligned} x^2 + (x+6)^2 &= 14^2 \\ x^2 + x^2 + 12x + 36 &= 196 \\ 2x^2 + 12x - 160 &= 0 \end{aligned}$$

3. Efter division med 2 får vi en andragradsekvation på (p, q)–form:

$$x^2 + 6x - 80 = 0$$

$$\begin{aligned} x &= -3 \pm \sqrt{3^2 - (-80)} \\ &= -3 \pm \sqrt{89} \end{aligned}$$

4. Båda lösningarna är reella, men den ena är negativ och saknar därför geometrisk innebörd. Vi får alltså den kortare kateten till $-3 + \sqrt{89} \approx 6.43$ och genom att addera 6 den andra till $\sqrt{89} + 3 \approx 12.43$ meter. □

Exempel 13 (mekanik). Det klassiska exemplet på en *kvadratisk modell* inom fysiken är beskrivningen av fall– och kaströrelse vid jordytan. Bortsett från luftmotstånd beskriver all kaströrelse en parabelkurva i luften. Rörelsen i höjdled kan beskrivas med en andragradsfunktion:

$$h(t) = h_0 + v_0 t - \frac{1}{2} g t^2$$

Här är h höjden (i meter) vid tidpunkten t efter kastet, t tiden (i sekunder) räknat från noll, h_0 utgångspunktens höjd jämfört med nollnivån, v_0 den initiala hastighet med vilken kastet skedde i höjdled och $g = 9.81$ m/s^2 accelerationen vid jordytan till följd av gravitationskraften. Ekvationen kan härledas medelst grundläggande matematisk envariabelanalys, utifrån antagandet om den konstanta nedåtriktade accelerationen g samt luftmotståndet noll (se kommentarsavsnittet).

2 Kommentarer

2.1 Härledning av kaströrelsens ekvation

1. Om den enda kraft som verkar på objektet under kaströrelse är gravitationskraften så sker endast en konstant accelereration g rakt nedåt (alltså in mot jordens mitt). Detta medför att rörelsen kan analyseras i två oberoende rörelser, den ena i höjdled och den andra i horisontalled, alltså utmed marken.

2. Till att börja med analyserar vi kaströrelsen i höjdled. Vi inför ett koordinatsystem för beskrivning av kaströrelsen, där vi sätter ut höjden h på y–axeln och tiden t på x–axeln. För tydlighetens skull betecknar vi den initiala hastigheten i vertikalled med v_{0y} istället för "v_0"; nyttan av detta framgår längre ned. Med den initiala konstanta hastigheten v_{0y} m/s i y–led får vi hastigheten $v(t)$ m/s efter tiden t sekunder som

$$v(t) = v_{0y} - gt \tag{i}$$

Nu är momentanhastigheten för en rörelse lika med tidsderivatan av läget

$$v(t) = \frac{dh}{dt} = h'(t) \tag{ii}$$

Genom att således integrera ekvation (i) från tiden 0 till t får vi den totala höjden vid tidpunkten t som (vi använder lilla τ som "dummy"–variabel):

$$\begin{aligned} h(t) &= \int_0^t v(\tau)d\tau = \int_0^t v_{0y} - g\tau \; d\tau = \left[h_0 + v_{0y}\tau - \frac{1}{2}g\tau^2\right]_0^t \\ &= h_0 + v_{0y}t - \frac{1}{2}gt^2 \end{aligned} \tag{iii}$$

Om kastet sker precis vid jordytan är $h_0 \approx 0$.

3. Kaströrelsen i horisontalled är mycket enklare att analysera, givet att luftmotståndet $F_{\text{luft}} = 0$ N. Denna aspekt av rörelsen sker därför likformigt. Om vi låter v_{0x} vara initialhastighetens komponent i

horisontalled får vi

$$x(t) = x_0 + v_{0x}t \tag{iv}$$

4. Ekvationerna under punkterna (2) och (3) i resonemanget ger ett ekvationssystem för kastparabeln på parameterform med tiden $t \geq 0$ som oberoende variabel:

$$\begin{cases} x(t) = x_0 + v_{0x}t \\ y(t) = h(t) = h_0 + v_{0y}t - \frac{1}{2}gt^2 \end{cases} \tag{v}$$

Där är vi klara. □

Exempel 14 (mekanik). En boll skjuts upp i luften med en initial hastighet på 24 m/s i höjdled och 10 m/s i horisontalled. Gör approximationen $h_0 = 0$ m, $g = 10$ m/s^2 och ignorera luftmotstånd.

(a) Vilken total initialfart har bollen?

(b) Hur lång tid tar det för bollen att nå sin topphöjd?

(c) Vad blir bollens topphöjd?

(d) Hur långt bort från kastaren hamnar bollen vid nedslag?

(e) Vilken fart har bollen efter 2 s?

Lösning: (a) Initialfarten fås ur Pythagoras sats som längden av hastighetsvektorn (v_{0x}, v_{0y}):

$$v_0 = |(v_{0x}, v_{0y})| = \sqrt{v_{0x}^2 + v_{0y}^2} = \sqrt{10^2 + 24^2} = 26 \text{ m/s}$$

(b) Ekvationen för rörelsen i höjdled är

$$y(t) = v_{0y}t - 0.5gt^2 = 24t - 5t^2$$

Ansättningen $y(t) = 0$ ger en andragradsekvation av enkel form:

$$t^2 - 4.8t = 0$$
$$t(t - 4.8) = 0$$

Denna har lösningarna 0 respektive 4.8 sekunder. Topphöjden nås efter exakt hälften av den tiden, det vill säga 2.4 s.

(c) Topphöjden beräknas genom insättning i funktionen $y(t)$:

$$y(2.4) = 24 \cdot 2.4 - 5 \cdot 2.4^2 = 28.8 \text{ m}$$

(d) Rörelsen i horisontalled beskrivs av ekvationen (där vi sätter $x_0 = 0$)

$$x(t) = x_0 + v_{0x}t = 10t$$

Insättning av $t = 4.8$ s ger $x(4.8) = 10 \cdot 4.8 = 48$ meter.

(e) Hastighetens x–komponent förändras inte under kaströrelsen eftersom luftmotståndet antas vara noll. Hastighetens y–komponent får vi som

$$v_y(t) = v_{0y} - gt$$

vilket med insättning av $t = 2$ s ger $v_y(2) = 24 - 10 \cdot 2 = 4$ m/s. Med Pythagoras sats har vi liksom i uppgift (a) att den totala farten är

$$|\mathbf{v}(2)| = \sqrt{10^2 + 4^2} = \sqrt{116} \approx 10.77 \text{ m/s}$$

Problemet är löst. □

2.2 Matematikhistorisk fördjupning

2.2.1 Den allmänna undersökningen av polynomekvationer

Varje polynomekvation med komplexa koefficienter har minst en lösning bland de komplexa talen. Detta matematiska resultat kallas för **algebrans fundamentalsats**, och bevisades i början av 1800–talet. Mer eller mindre fullständiga bevis presenterades av flera berömda matematiker, bland annat Carl Friedrich Gauss (också kallad ”matematikens konung”), men det första helt stringenta beviset ska tydligen ha framlagts av en schweizisk amatörmatematiker och bokhållare

Jean–Robert Argand (som också framlade tekniken att representera komplexa tal som talpilar i ett koordinatsystem med två axlar).

Om koefficienterna i en polynomekvation $p(x) = 0$ dessutom är rationella tal, så talar man om en **algebraisk ekvation**. Ett komplext tal som kan uttryckas som lösningen till någon algebraisk ekvation säges vara **algebraiskt**; ett tal som då inte kan uttryckas som lösningen till någon algebraisk ekvation säges vara **transcendent**.

Att π är irrationellt visades faktiskt först så sent som på 1800–talet. Bland annat visade den tyske matematikern Ferdinand von Lindemann kring år 1882 att potensen e^α är transcendent för varje algebraiskt tal α (förutom 0).[2] Därav följer omedelbart (eller "trivialt" som en matematiker kunde säga) att π även är irrationellt.

Egenskapen transcendens är *starkare* än irrationalitet: det vill säga, om ett tal är transcendent medför det att det också är irrationellt, men inte tvärtom. Ett motsägelsebevis:

1. Premiss: något tal θ är transcendent.
2. Antag $\theta = a/b$ för några $a, b \in \mathbb{Z}$.
3. Då är θ lösningen till ekvationen $bx = a$.
4. Men ekvationen i (3) är en algebraisk ekvation, vilket motsäger premiss (1).
5. Alltså är antagandet i (2) felaktigt och slutsatsen är att θ är irrationellt.

Exempel på ett tal som är irrationellt men inte transcendent är $\sqrt{2}$, därför att denna kvadratrot utgör en lösning till den algebraiska ekvationen $x^2 - 2 = 0$.

En annan sida av polynomekvationer som starkt intresserade matematikerna under 1800–talet är frågan under vilka villkor lösningarna till en polynomekvation (med komplexa koefficienter) kan uttryckas

[2]Bevisen är för komplicerade att gå in på här. En introduktion ges i artikeln av Steve Mayer (2006) "The Transcendence of π" på adressen http://sixthform.info/maths/files/pitrans.pdf. Lindemanns resultat är ett specialfall av ett berömt teorem ur abstrakt algebra, Lindemann–Weierstrass sats (se t.ex. Wikipedia för mer information och källhänvisningar).

precist genom ett allmänt **uttryck i radikaler**, vilket innebär ett algebraiskt uttryck som endast involverar tillämpning av operationerna de fyra räknesätten, heltalspotenser samt n:te–rotsutdragning ($n = 2, 3, 4, \ldots$) på den givna ekvationens koefficienter (vilket under dessa förutsättningar innebär tilllämpning av de nämnda operationerna i ett ändligt antal steg). Ett uttryck i radikaler kallas också för en *algebraisk lösning*.

Det berömda resultat, som den norske matematikern Niels Henrik Abel (1824) nådde fram till, var att lösningsmängden till samtliga polynomekvationer (i komplexa tal) upp till och med grad 4 kan uttryckas med radikaler, men att det inte är möjligt för polynomekvationer av grad 5. Det mer allmänna resultatet gällande lösningsmängderna till polynomekvationer, att det för polynomekvationer av grad $n \geq 5$ inte finns någon allmän algebraisk lösning (uttryck i radikaler), kan visas genom så kallad *Galoisteori*. Detta utgör ett centralt område av modern–abstrakt algebra. Galoisteorin grundlades av den franske matematikern Évariste Galois någon gång kring slutet av 1820–talet.[3]

[3]Både Abel och Galois dog mycket unga, Abel vid 26 års ålder från tuberkulos och Galois blott 20 år gammal efter sviterna av en duell (över en kvinna sägs det ibland). Galois har gått till historien som ett av matematikvetenskapens "romantiska genier".

3 Lock/portar

Teorifrågor

F1. Definiera följande termer och ge minst ett exempel av vardera sak:

(a) polynom av första graden, förstagradsekvation, linjär ekvation, förstagradsfunktion, linjär funktion (i en variabel)

(b) polynom av andra graden, andragradsekvation, kvadratisk ekvation, andragradsfunktion, kvadratisk funktion

(c) polynom av grad n, polynomfunktion, polynomekvation, n:te–gradsekvation

(d) nollställe till ett polynom

F2. Vad menas (i denna text) med en andragradsekvation som är: (a) enkel (b) på (p, q)–form (c) på allmän form?

F3. Hur löser man en enkel andragradsekvation?

F4. Hur kan man lösa en andragradsekvation på (p, q)–form: (a) genom kvadratkomplettering (b) genom (p, q)–formeln? (Vad är diskriminanten i denna formel?)

F5. Hur kan man lösa en allmän andragradsekvation?

F6. Vilken sorts kurva beskriver en andragradsfunktion i ett vanligt rätvinkligt koordinatsystem?

F7. För en andragradsfunktion vad menas med: (a) extrempunkt (maximi– resp. minimipunkt) (b) extremvärde

F8. När saknar en given andragradsfunktion reella nollställen? (a) Hur framgår detta av diskriminanten? (b) Hur framgår detta geometriskt (i koordinatsystemet)?

F9. Var finner man x–koordinaten för en andragradsfunktions extrempunkt?

Problem

6. Utveckla: (a) $(x+4)^2$ (b) $(x-7)^2$ (c) $(2a+b)^2$ (d) $(a-3b)^2$

7. Kvadratkomplettera uttrycket: (a) x^2+6x+9 (b) x^2+2x-1

(c) $4x^2 + 16x + 64$

8. Lös ekvationerna: (a) $x^2 = 9$ (b) $x^2 - 2x = 0$ (c) $x^2 + 6x - 7 = 0$

(d) $x^2 - 10x + 21 = 0$ (e) $x^2 + 2x - 8 = 0$ (f) $-2x^2 - 28x - 48 = 0$

9. Skillnaden mellan två tal är 6. Talens produkt är 216. Vilka är talen?

10. Finns det en rektangel med arean 117 cm^2 och omkretsen 44 cm?

11. En kvadrat med sidan 6 cm har sina hörn på en kvadrat med sidan 8 cm. Hörnen på den mindre kvadraten delar sidorna i den större kvadraten i två delar. Hur långa blir delarna?

12. I en kvadrat är diagonalen 5 cm längre än sidan. Vilken area har kvadraten?

13. I en rätvinklig triangel är den ena kateten 3 cm längre än den andra kateten, men 3 cm kortare än hypotenusan. Hur långa är triangelns sidor?

14 (fysik). En kanonkula skjuts upp i luften med en initial hastighet av 40 m/s i horisontalled 2 meter ovanför marken. Ignorera luftmotstånd.

(a) Hur lång tid tar det för kanonkulan att nå sin topphöjd?

(b) Beräkna topphöjden

(c) Med vilken fart rör sig kanonkulan efter 1,5 s och i vilken riktning?

P15. (a) Utveckla en allmän lösningsformel för andragradsekvationen

$$Ax^2 + Bx + C = 0$$

i analogi med (p, q)–formeln.

(b) Vad blir motsvarigheten till 'diskriminanten' i det allmänna fallet?

16.* Lös ekvationerna:

(a) $x + 1/x = 1$

(b) $1/x + 1/(x+3) = 1/2$

(c) $(x+5)/(x-5) + (x-5)/(x+5) = 50$

(d) $(x+1)^2 + (x+2)^2 = 25$

(e) $(x+1)^2 - (x-1)^2 = (x-8)^2$

(f) $3(x+2)^2 = 4(x^2-4)$

(g) $(x-1)/(x+1) + (x-2)/(x+2) = 7$

(h) $3/(x^2-3) = 1 - 3^{1/2}/(x+3^{1/2})$

Kägelsnitten samt deras ortsbeskrivning genom dandelinsfärerna

Artikel 4 ur DFM, portfölj IV

Innehåll

Abstract

I det här dokumentet går vi igenom vissa grundläggande egenskaper hos de tre *kägelsnitten*, kallade *ellips, parabel* respektive *hyper-*

bel.

Med hjälp av en metod kallad *dandelinsfärerna* fastslås den klassiska beskrivningen av kägelsnitten som *geometriska orter* i planet. Denna karakterisering av kägelsnitten som geometriska orter är förutsättningen för behandlingen av kägelsnitten inom analytisk geometri som graferna till vissa sorters ekvationer i koordinatsystem.

Ortsbeskrivningar av kägelsnitten gör det även möjligt att punktvis plotta kägelsnitt "konstruktivt", det vill säga på plant papper med enkla verktyg, i synnerhet genom passare och linjal (geometrisk konstruktion i snäv bemärkelse).[1]

1 Kärninnehåll

Kägelsnitten undersöktes av flera antika grekiska matematiker. *Euklides* säges ha skrivit fyra böcker om kägelsnitten, som dock gick förlorade. *Apollonius av Perga* (ca 262– ca 190 f.Kr.) författade antikens mest välkända skrift om ämnet: *Om kägelsnitten.* Den största innovationen hos Apollonius är just beskrivningen av kägelsnitten i termer av geometriska orter i planet, liksom vi kommer att göra. Däremot använde han sig inte av den mycket överskådliga metod som *Germinal Pierre Dandelin* (1794–1847, fransk matematiker, ingenjör och militär) presenterade årtusenden senare.

I Europa återfinner vi intresset för kägelsnitten under renässansen och i samband med den vetenskapliga revolutionen. Filosofen och matematikern *René Descartes* (1596–1650) studerar det analytiska sambandet mellan kägelsnitt och ekvationer. Hovmatematikern, astronomen och astrologen *Johannes Kepler* (1571–1630) lägger en av de stora grundstenarna i den nya naturvetenskapen och i övergången till den heliocentriska världsbilden, i vilken Jorden och de andra planeterna i

[1]För den läsare som är intresserad av att fördjupa sig mer i kägelsnitten hänvisar jag till Björn Wängbergs kompendium *Kägelsnitten – en mångsidig undersökning* (Didymos Bokförlag 2018) eller andra källor på nätet.

solsystemet kretsar kring Solen, genom formuleringen av tre lagar för planeternas rörelse. För eftervärlden är dessa tre lagar kända under namnet *Keplers lagar*. Den första av dessa lagar konstaterar att varje planet, inklusive Jorden, kretsar kring Solen i en ellips och att Solen befinner sig i den ena av ellipsens brännpunkter.

Kepler erbjöd därmed en *elegant* matematisk lösning till de motsägelser/diskrepanser som man upplevde, dels i termer av den externa koherensen mellan mätdata och då befintlig teoribildning och dels i termer av själva teorins interna koherens och enkelhet. Keplers modell var i matematiskt avseende enklast och (kanske) ”vackrast”.

Keplers bidrag till den matematiska astronomin och fysiken lägger en hörnsten och bereder vägen för *Isaac Newtons* (ca. 1642–1727) epokgörande avhandling *Naturfilosofins matematiska principer* (latin *Philosophiæ Naturalis Principia Mathematica*, första utgåvan 1687), den nya naturvetenskapens mest berömda och klassiska text. I *Principia* härleder Newton matematiskt Keplers lagar från de mer grundläggande, vidsträckta lagar och principer för den klassiska mekaniken som Newton uppställer i verket.

1.1 Dubbelkonen och kägelsnitten: ellips, parabel och hyperbel

En **dubbelkon** är en yta i rymden av den typ som visas i figur 2 (a), (b). En dubbelkon utgör en *rak cirkulär konisk yta*, vilket är ett specialfall av det allmännare begreppet *konisk yta*.

En dubbelkon D kan genereras genom att en rät linje får rotera i cirkel med en viss vinkel w kring en punkt M (se figur 1). Varje rät linje som kan tänkas generera dubbelkonen kallas för en **generatris**. Vinkeln w kallar vi här för **konvinkeln** (detta är inte standardiserad terminologi). Punkten M kallas för dubbelkonens **spets, apex**. Dubbelkonens två delytor, den övre respektive nedre ”duken”, kallas för dess två **koner, mantelytor**.

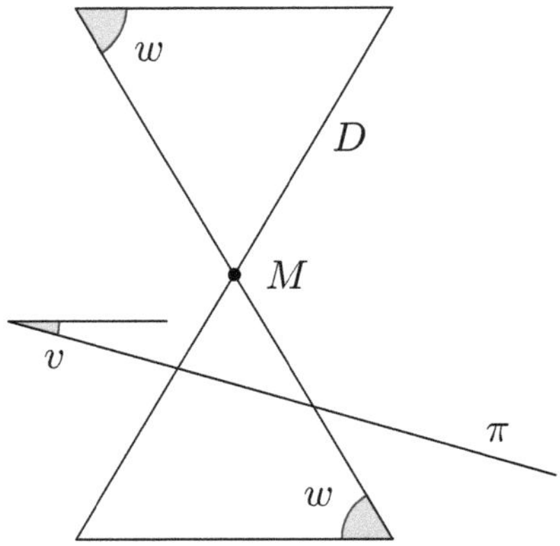

Figur 1: Planet π skär dubbelkonen D med vinkeln v. De två konerna möts i punkten M. I figuren gäller $0 < v < w$, i vilket fall snittet mellan D och π utgör en ellips.

Låt nu π vara ett plan i rymden.[2] Låt S vara snittet mellan dubbelkonen D och planet π. Med matematisk notation kan man skriva definitionen:

$$S = \pi \cap D$$

Skrivsättet $\cap$ för snitt används i mängdläran, men det förekommer alltså även i geometrin.[3] Ett antal olika fall är tänkbara vad gäller snittet S:

(i) Den första möjligheten är att planet inte alls skär dubbelkonen, varför inget kägelsnitt uppstår. I detta fall kan man säga att S

[2]Det är tradition i geometrin att beteckna ett godtyckligt plan med den grekiska bokstaven π. Det ska inte förväxlas med *det reella talet* pi, som utgör storleksförhållandet mellan en cirkels omkrets och dess diameter, och som brukar betecknas med samma grekiska bokstav.

[3]Det är dock inget tvång att uppfatta S, π och D som 'mängder av punkter', bara därför att samma skrivsätt används. Att en punkt P ligger i eller på ett annat geometriskt objekt, till exempel planet π, kan analogt skrivas

$$P \in \pi$$

Även detta skrivsätt förekommer i mängdläran, men det behöver heller inte uppfattas som exakt samma användning av tecknet.

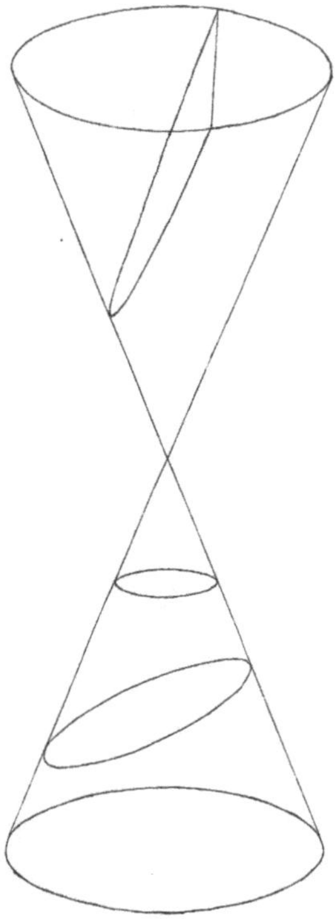

(a) I den övre konen visas en parabel, i den nedre en ellips och en cirkel. Cirkeln är ett specialfall och gränsfall av ellipsen.

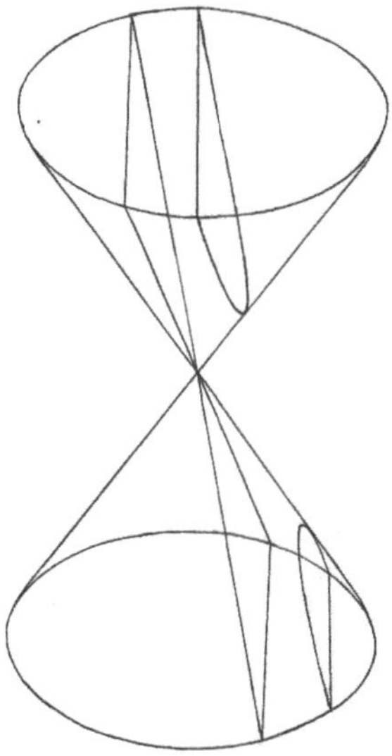

(b) Figuren visar det degenererade kägelsnittet enligt fall (ii) och en hyperbel enligt fall (v).

Figur 2: *Kägelsnitten* [teckningar av Björn Wängberg].

utgör 'den tomma mängden'.

Om planet π går genom dubbelkonens spets M får vi tre möjliga delfall, vilka resulterar i vad som kallas för de **urartade, degenererade** kägelsnitten:

(ii) Planet π skär innanmätet av konerna. S består här av två generatriser till D.

(iii) Planet π skär inte innanmätet av konerna, men en av dubbelkonens generatriser ligger i π. Här blir S en enda generatris.

(iv) Ingen av dubbelkonens generatriser ligger i π. I detta fall blir S en enda punkt, nämligen spetsen M.

Om π går genom dubbelkonen men utan att skära spetsen M får vi tre möjliga delfall, vilkas resultat utgör **de icke–degenererade (äkta, egentliga) kägelsnitten**:

(v) π har en lutningsvinkel v som är strikt mindre än konvinkeln w: $0 \leq v < w$. Under dessa förutsättningar blir S en **ellips**. I det fall $v = 0$ är π ett vågrätt plan och S blir en cirkelkurva. Cirkeln är alltså ett *specialfall* av ellipsen.

(vi) π har en lutningsvinkel $v = w$. I detta fall går S endast genom den ena av de två konerna och bildar en **parabel**.

(vii) π har en lutningsvinkel v som uppfyller att $v > w$. S blir här en **hyperbel**.

Fallen (v)–(vii) ovan utgör *den ursprungliga definitionen* av kurvorna ellips, parabel respektive hyperbel, som man finner dem under den grekiska antiken. När man talar om "kägelsnitten" syftar man normalt på de tre äkta, icke–degenererade, kägelsnitten om ingenting annat är sagt.

Det finns tre (icke–degenererade) kägelsnitt: ellipsen, parabeln och hyperbeln. Cirkeln utgör ett specialfall av ellips.

1.2 Begreppet geometrisk ort

Ett sätt att beskriva en geometrisk figur är som en geometrisk ort (eng. *locus*). Låt E vara någon sorts egenskap som en punkt i planet (eller rymden) kan uppfylla eller inte uppfylla. Då är **den geometriska orten** G till egenskapen E mängden av alla punkter P som har egenskapen E. Med mängdlärans skrivsätt:

$$G = \{P : P \text{ uppfyller } E\}$$

Exempel 1. En cirkel C med medelpunkten M och radien 7 längdenheter kan beskrivas som den geometriska orten till egenskapen

$E_1(P)$ = "P är en punkt i planet och avståndet från P till M är 7 l.e."

Med mängdlärans skrivsätt:

$$C = \{P : E_1(P)\}$$

□

Exempel 2. Antag att P och Q är två punkter i planet. Låt egenskapen

$E_2(P)$ = "P är en punkt i planet och P ligger på samma avstånd från P och Q"

Då är den geometriska orten till E_2 *mittpunktsnormalen* till sträckan PQ, alltså den linje som delar sträckan mitt itu i nittio graders vinkel.
□

Låt oss undersöka hur de tre kägelsnitten kan beskrivas som geometriska orter i planet.

1.3 Dandelinsfärerna som en väg till karakterisering av de tre kägelsnitten som geometriska orter

1.3.1 Ellipsen

Det påstående vars matematiska giltighet vi nu vill etablera är följande:

[1] *En plan geometrisk figur G utgör en ellips om och endast om det existerar två punkter F_1 och F_2 och en sträcka s sådana att G kan beskrivas som den geometriska orten till egenskapen $E(P)$ = "Summan av avstånden från P till F_1 respektive F_2 är konstant och lika stor som sträckan s" (där P är en punkt i figurens plan).*

Punkterna F_1 och F_2 kallas för ellipsens **brännpunkter** och sträckan s för ellipsens **avståndssumma**. Detta resultat kan sedan användas både för geometrisk konstruktion av ellipsen med hjälp av passare och linjal och för analytisk beskrivning av ellipsen genom ekvationer.

I figur 3 visas en ellips **E** och två sfärer $\mathbf{S_1}$ och $\mathbf{S_2}$ inskrivna i dubbelkonen, som tangerar ellipsens plan π i punkterna F_1 respektive F_2. Dessa är våra första två exempel på **dandelinsfärer**. Vi kommer att finna sfärer som fyller en analog funktion i ortskarakteriseringen av parabeln respektive hyperbeln.

Den första delen av beviset för påstående [1] består i att visa implikationen åt höger: "Om en kurva är en ellips, så kan den beskrivas som den geometriska orten si och så."

1. Låt F_1 och F_2 vara de punkter som ellipsen och dess dandelinsfärer bestämmer (se figur 3). Det vi vill bevisa är att avståndssumman $|F_1P| + |F_2P|$ är konstant, för varje punkt P på ellipsen **E**.

2. Snittet mellan sfärerna $\mathbf{S_1}$ och $\mathbf{S_2}$ och dubbelkonen utgörs av två cirklar c_1 respektive c_2.

3. Låt P vara en punkt på ellipsen **E**. Låt S beteckna konens spets. Generatrisen $\overline{SP}$ skär de två cirklarna c_1 och c_2 i punkterna P_1 respektive

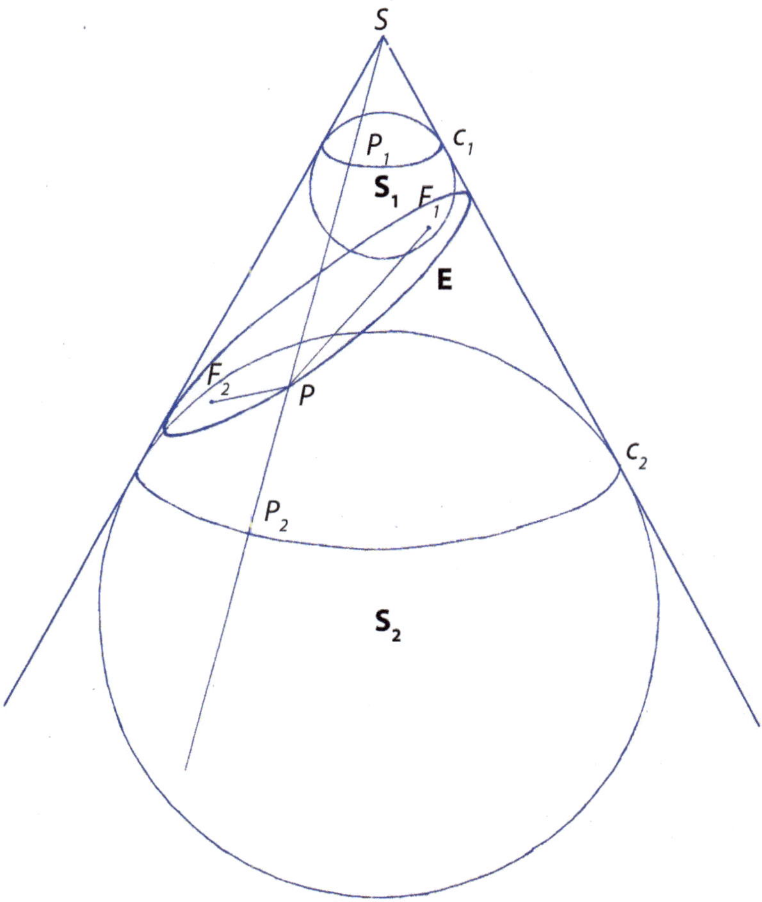

Figur 3: Figuren visar dandelinsfärerna $\mathbf{S_1}$ och $\mathbf{S_2}$ till ellipsen **E**. Punkterna F_1 och F_2 utgör ellipsens brännpunkter. Ellipsens avståndssumma s är lika stor som sträckan P_1P_2. [Teckning: Björn Wängberg]

P_2.

4. Sträckorna F_1P och P_1P är precis lika långa, eftersom de räta linjerna $\overline{PF_1}$ och $\overline{PP_1}$ båda två är tangenter till sfären $\mathbf{S_1}$. På samma sätt inser vi att sträckan F_2P är lika lång som P_2P, eftersom linjerna $\overline{PF_2}$ och $\overline{PP_2}$ båda två är tangenter till sfären $\mathbf{S_2}$.

5. Sträckorna P_1P och PP_2 utgör tillsammans sträckan P_1P_2, som har konstant längd för varierande punkter P utmed ellipsen.

6. Ur (4) och (5) får vi att

$$|F_1P| + |F_2P| = |P_1P| + |P_2P| = |P_1P_2|$$

— alltså en konstant. Avståndet $|P_1P_2|$ är den eftersökta avståndssumman s.

Beviset för implikationen åt höger är avklarat. Hur förhåller det sig nu med implikationen åt vänster: hur kan vi inse att den geometriska orten till villkoret "konstant avståndssumma" under alla omständigheter är en ellips?

1. Låt G vara den geometriska orten till villkoret att avståndssumman $|F_1P| + |F_2P|$ är konstant lika med sträckan s.

2. Givet två punkter F_1 och F_2 och en sträcka s, som är längre än F_1F_2, finns en ellips $\mathbf{E}$ med de givna punkterna till brännpunkter och den givna sträckan som avståndssumma. (För att inse detta betrakta dandelinsfärerna, variera lutningen på planet π och konvinkeln w och fundera över kontinuiteten i situationen.)

3. Ur (1) och (2) följer att $\mathbf{E} \subseteq G$. Frågan är nu om det kan finnas punkter $P \in G$ som inte ligger på ellipsen $\mathbf{E}$?

4. Låt oss i tanken röra oss utmed ellipsen. Under den här rörelsen genomlöper vi alla möjliga "kombinationer", det vill säga alla möjliga par av sträckor (F_1P, F_2P) för vilka avståndssumman är lika stor som sträckan P_1P_2, som i sin tur är lika lång som s.

5. Ur (3) och (4) drar vi slutsatsen att ellipsen $\mathbf{E}$ är identisk med den geometriska orten G.

På det sätt som resonemangen ovan uppvisar kan man kasta ljus över det geometriska sambandet [1].

1.3.2 Parabeln

Så, till ortskarakteriseringen av parabeln:

[2] *En plan geometrisk figur G utgör en parabel om och endast om det existerar en punkt F och en linje ℓ sådana att G kan beskrivas som den geometriska orten till egenskapen $E(x)$ = "Avståndet från x till F är lika stort som avståndet från x till linjen ℓ" (där x är en punkt i figurens plan).*

Punkten F kallas för parabelns **brännpunkt** och linjen ℓ för parabelns **styrlinje**.

I figur 4 visas en parabel **P** och en sfär **S** inskriven i den nedre konen i dubbelkonen, som tangerar parabelns plan π i punkten F och som tangerar konen utmed en cirkel c. Sfären **S** utgör parabelns dandelinsfär. Cirkeln c definierar ett vågrätt plan π' och planen π och π' skär varandra i en linje ℓ. Som vi kommer att se utgör F och ℓ brännpunkt respektive styrlinje för parabeln.

Ett bevis för implikationen åt höger i sats [2] går såhär:

1. Låt P vara en punkt på parabeln **P** och låt g vara en generatris i konen som skär P. Låt punkten R vara skärningspunkten mellan generatrisen g och cirkeln c. Punkten Q på linjen ℓ är vald så att linjen PQ skär ℓ i rät vinkel.
2. Ur (1) följer att linjen PQ har en lutningsvinkel $v = w$. Generatrisen g har förstås samma lutningsvinkel $v = w$.
3. Punkterna Q och R ligger båda två i det vågräta planet π'.
4. Raderna (2) och (3) ger att sträckorna $PR = PQ$.
5. Det gäller att sträckorna $PR = PF$ är precis lika långa, eftersom linjerna $\overline{PR}$ och $\overline{PF}$ båda två utgör tangenter till sfären **S**.
6. Raderna (4) och (5) medför att $PF = PQ$. Eftersom PQ (per definition) är avståndet mellan punkten P och linjen ℓ, följer att punkten P satisfierar ortsvilkoret $E(x)$ enligt beskrivningen i [2].

Jag överlåter på läsaren att fundera över implikationen åt vänster.

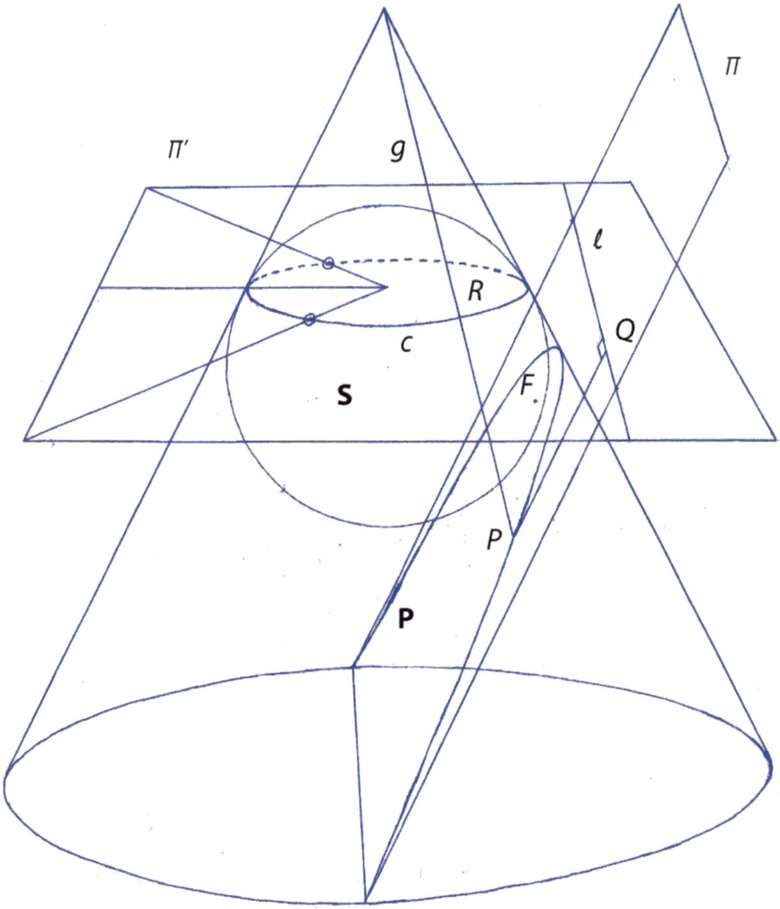

Figur 4: Figuren visar dandelinsfären **S** till parabeln **P**. Punkten F och linjen ℓ i figuren utgör brännpunkt respektive styrlinje till parabeln. [Teckning: Björn Wängberg]

1.3.3 Hyperbeln

Hyperbeln kan beskrivas genom följande ortsdefinition:

[3] *En plan geometrisk figur G utgör en hyperbel om och endast om det existerar två punkter F_1 och F_2 och en sträcka s sådana att G kan beskrivas som den geometriska orten till egenskapen $E(x)$ = "x är en punkt i planet och skillnaden mellan avstånden från x till F_1 respektive F_2 är konstant och är lika stor som sträckan s."*

Punkterna F_1 och F_2 kallas för hyperbelns **brännpunkter** och sträckan s för dess **avståndsskillnad**.

I figur 5 visas en hyperbel **H** samt två klot $\mathbf{S_1}$ och $\mathbf{S_2}$ inskrivna i den övre respektive nedre delen av dubbelkonen. Dessa klot eller sfärer utgör hyperbelns dandelinsfärer. Kloten tangerar hyperbelns plan π i punkterna F_1 respektive F_2. Som det visar sig utgör dessa hyperbelns brännpunkter. Till beviset för implikationen åt höger:

1. Låt P vara en punkt på **H** och g en generatris i dubbelkonen som skär P. Det nedre och övre klotet tangerar dubbelkonen i cirklarna c_1 respektive c_2.
2. Låt Q_1 och Q_2 vara skärningspunkten mellan cirkeln c_1 och generatrisen g respektive c_2 och g. Då är $PF_1 = PQ_1$ och $PF_2 = PQ_2$.
3. Ur (2) får vi att $|PF_1 - PF_2| = |PQ_1 - PQ_2| = Q_1Q_2$
4. För vilken generatris till dubbelkonen vi än väljer är längden av sträckan Q_1Q_2 oförändrad.
5. Ur rad (3) och (4) drar vi slutsatsen att ortsvillkoret $E(P)$ är satisfierat.

Implikationen åt andra hållet överlåtes på läsaren att reflektera över.

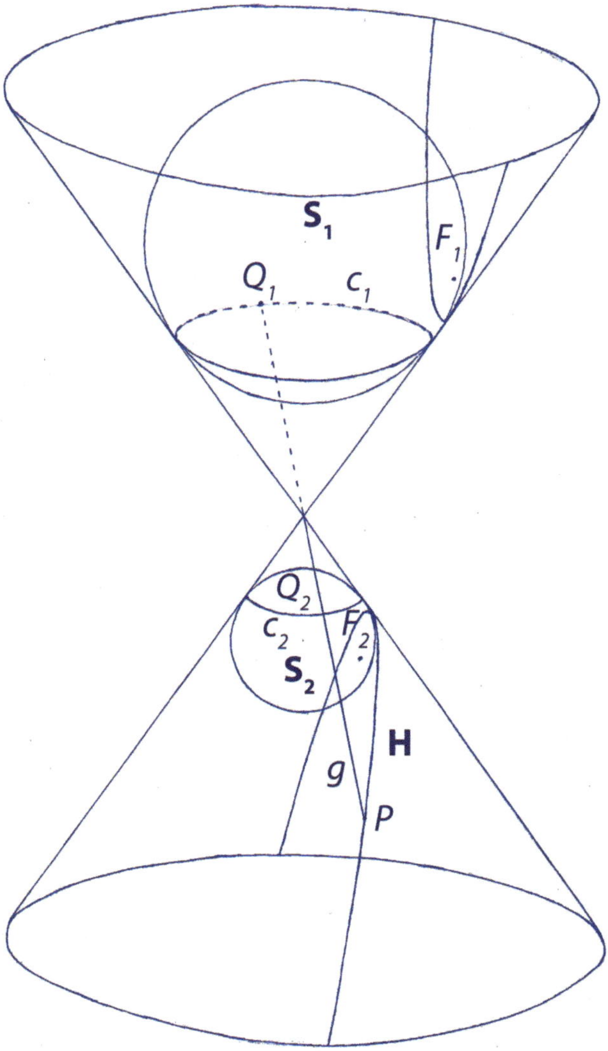

Figur 5: Figuren visar dandelinsfärerna $\mathbf{S_1}$ och $\mathbf{S_2}$ till hyperbeln **H**. Punkterna F_1 och F_2 utgör hyperbelns brännpunkter och sträckan Q_1Q_2 dess avståndsskillnad. [Teckning: Björn Wängberg]

1.4 Att utnyttja ortsbeskrivningen för att rita kägelsnitten

1.4.1 Punktplottning av ellips med passare och linjal

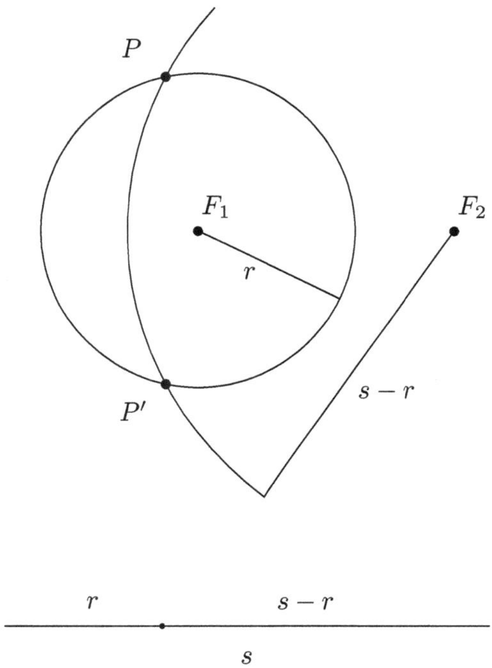

Figur 6: En metod för konstruktion av ellipsen med passare och linjal utifrån ortsbeskrivningen i sats [1]. Punkterna P_1 och P_2 i figuren ligger på ellipsen.

För att exemplifiera hur kägelsnitten kan konstrueras punktvis med passare och linjal, låt oss titta på hur ellipser kan ritas, givet avståndssumman $s = 2a$ och brännpunkter F_1 och F_2. Börja förslagsvis med att rita sträckan s i ett av hörnen på pappret eller på ett separat papper. Rita sträckan F_1F_2 mitt på konstruktionspappret.

1. Dela s i två valfria delar. Om vi betecknar längden av den ena delsträckan r så blir längden av den andra delen $s - r$.
2. Med F_1 som centrum rita en cirkel med radien r.

3. Med F_2 som centrum rita en cirkel med radien $s - r$.
4. Om de båda cirklarna skär varandra ingår skärningspunkterna P_1 och P_2 i den geometriska orten, och tillhör alltså ellipsen.

Om förfarandet (1)–(4) ovan upprepas genom att variera längden på sträckan r, framträder fler och fler punkter på ellipsen, vilket gör det möjligt att rita en hyfsat prydlig kurva för hand. I figur 6 och 7 förtydligas och demonstreras ellipsens konstruktion. En ellips har, som vi ser, två symmetriaxlar. Sträckan A_1A_2 kallas för ellipsens **stora axel** (eng. *major axis*) och sträckan B_1B_2 ellipsens **lilla axel** (eng. *minor axis*).

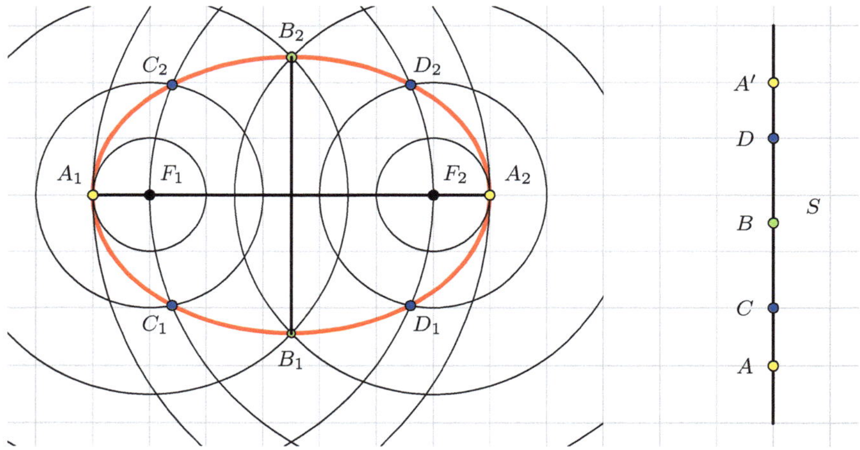

Figur 7: Figuren illustrerar metoden för att med passare och ograderad linjal konstruera punkter på en ellips, givet två brännpunkter F_1 och F_2 samt en konstant avståndssumma s (sträckan s är längre än F_1F_2). Punkterna A och A' genererar A_1 respektive A_2 på ellipsen. Varje punkt mellan punkterna A och A' som väljes på sträckan s genererar exakt två punkter på ellipsen. I figuren genererar C punkterna C_1 och C_2, D punkterna D_1 och D_2 och B punkerna B_1 och B_2. Sträckan A_1A_2 är ellipsens stora axel, sträckan B_1B_2 dess lilla axel. Ju fler punkter som väljes på s mellan A och A', desto mer framträder gradvis kurvan och blir lättare att rita för hand.

1.4.2 En ellips med tråd, häftstift och penna

Ett enkelt sätt att rita en ellips på papper använder tråd, häftstift och penna:

1. Mät ut en bit tråd lika lång som den storaxel du vill ha. Lämna lite marginal vid trådens ändar, så att det går att knyta fast den i häftstiften.
2. Välj två punkter F_1 och F_2 på pappret, dessa kommer vara ellipsens brännpunkter. Bind fast tråden i häftstiften och sätt fast häftstiften i pappret vid punkterna F_1 och F_2.
3. Sätt pennan mot tråden och sträck den så att den blir spänd. Börja rita och håll den spänd hela tiden.

2 Lock/portar

Teorifrågor

F1. Redogör för följande begrepp:

dubbelkon, generatris, konvinkeln, apex, koner eller mantelytor

degenererade kägelsnitt, äkta kägelsnitt, ellips, parabel, hyperbel

F2. Vad menas med den geometriska orten till en egenskap hos punkter?

F3. Hur kan följande geometriska objekt beskrivas, karakteriseras, som geometriska orter?

(a) en cirkel (b) mittpunktsnormalen till en sträcka

(c) bisektrisen till en sträcka

F4. Var finner man dandelinsfärerna (eller –sfären) till kägelsnittet:

(a) ellips (b) parabel (c) hyperbel?

F5. Ge ortsbeskrivningen för:

(a) ellipsen (b) parabeln (c) hyperbeln

F6. Förklara med ett matematiskt resonemang hur det kommer sig att ortsbeskrivningen av ifrågavarande kägelsnitt fungerar:

(a) ellipsen (b) parabeln (c) hyperbeln

Problem

P1. Skissa en ellips som har avståndet 6 cm mellan brännpunkterna och avståndssumman 9 cm. Använd:

(a) tråd och häftstift;

(b) passare och linjal.

P2*. Skissa en parabel med brännpunkten belägen 3 cm ovanför styrlinjen.

P3*. Skissa en hyperbel med avståndet 6 cm mellan brännpunkterna och avståndsskillnaden 4 cm.

Kägelsnittens ekvationer i rätvinkliga koordinatsystem: ellips, parabel, hyperbel

Artikel 5 ur DFM, portfölj IV

Innehåll

Abstract

I det här dokumentet går vi igenom ekvationerna för kägelsnitten (ellips, parabel och hyperbel) i cartesiska koordinater. Utgångspunkten för analysen av är de ortsbeskrivningar som framställs i artikeln "Kägelsnitten och deras ortsbeskrivning genom dandelinsfärerna". Kägelsnitten intar en särställning i astronomin och fysiken och dessa vetenskapers historia, i synnerhet genom Keplers upptäckt att planeterna beskriver ellipser i sin rörelse kring Solen.[1]

1 Kärninnehåll

Några inledande påminnelser. Om man skär en dubbelkon, en oändlig "kägla", med ett plan uppstår en typ av kurva som kallas för ett **kägelsnitt** S. De tre *icke–urartade* kägelsnitten är **ellips** (S är en begränsad sluten kurva), **parabel** (planet är parallellt med en av käglans generatriser, en obegränsad kurva som ligger i den ena av konerna) respektive **hyperbel** (planet skär båda koner, en obegränsad ej sammanhängande kurva som ligger i båda konerna); dessa illustreras i figur 1.[2] Som ett specialfall av ellips har vi *cirkeln*, då planet bildar rät vinkel mot dubbelkonens centrala symmetrilinje (men utan att gå genom spetsen).

1.1 Påminnelse om kägelsnittens ortbeskrivning

De ortsbeskrivningar vi använder oss av i denna analytiska framställning av kägelsnitten är som sagt dem som i artikeln "Kägelsnitten och deras ortsbeskrivning genom dandelinsfärerna" (portfölj I, IV av DFM) kan kallas **ortsbeskrivning genom brännpunkter och avstånd.**[3] En matematisk förklaring till möjligheten av denna ortsbe-

[1]För den läsare som är intresserad av att fördjupa sig mer i kägelsnitten hänvisar jag till Björn Wängbergs kompendium *Kägelsnitten – en mångsidig undersökning* (Didymos Bokförlag 2018) eller andra källor på nätet.

[2]De tre så kallade *urartade* kägelsnitten uppstår endast i det fall det skärande planet går genom dubbelkonens apex/spets: två räta linjer som skär varandra, två generatriser alltså (en urartad hyperbel kunde man säga); en enda rät linje, alltså en enda generatris; eller en ensam punkt (en urartad ellips kunde man säga).

[3]En annan vanlig typ av ortsbeskrivning till kägelsnitten är *ortsbeskrivning genom excentricitet*. Parabeln är det undantag där de två här berörda typerna av ortsbeskrivning är identiska, nämligen genom brännpunkt och styrlinje/direktris (och parabeln har bara en brännpunkt). Excentriciteten e för en parabel är alltid konstant lika med 1, alltså $e = 1$. Excentriciteten för en ellips anger hur mycket ellipsen avviker från att vara en cirkel, dess utdragenhet: för en ellips är $0 < e < 1$, för en cirkel $e = 0$. För hyperbeln är $e > 1$. Jag överlåter på den intresserade

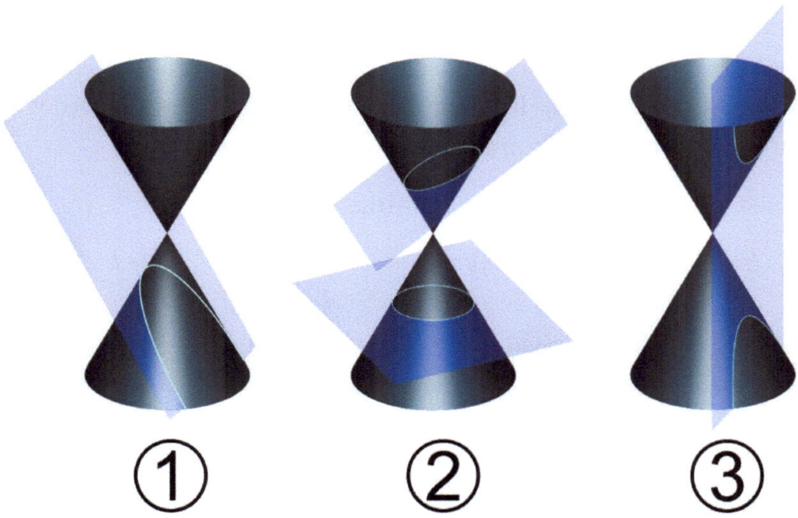

Figur 1: Bilderna visar de tre typerna av icke–urartade kägelsnitt: (1) parabel, (2) ellips (och cirkel som specialfall) och (3) hyperbel. [Källa: Wikipedia, artikeln "Kägelsnitt", 27 augusti 2019, kreatör: Pbrks, Creative Commons Attribution 3.0 Unported license.]

skrivning genom brännpunkter och konstant avstånd ges i nämnda artikel, nämligen genom att bevis för ortsbeskrivningarna via så kallade *dandelinsfärer* återges.

Låt $E(P)$ vara någon egenskap som punkter i det geometriska planet (eller rymden) kan uppfylla eller inte uppfylla. Mängden av alla de punkter P som satisfierar egenskapen E kallas då för **den geometriska orten** (eng. *locus*) till egenskapen E.

Till att börja med påminner vi oss **ellipsens ortsbeskrivning**:

[1] *En plan geometrisk figur G utgör en ellips om och endast om det finns två punkter F_1 och F_2 och en sträcka s sådana att G kan beskrivas som den geometriska orten till egenskapen $E_{ell}(P)$ = "Summan av avstånden från P till F_1 respektive F_2 är lika stor som sträckan s" (där P är en punkt i figurens plan).*

---

läsaren att fördjupa sig ytterligare i ämnet på egen hand.

Punkterna F_1 respektive F_2 kallas för ellipsens **brännpunkter** och (längden av) sträckan s för ellipsens **avståndssumma**. Cirkeln utgör det specialfall av ellips där brännpunkterna sammanfaller i det som då utgör cirkelns medelpunkt.

Därnäst **parabelns ortsbeskrivning**:

[2] *En plan geometrisk figur G utgör en parabel om och endast om det finns en punkt F och en linje ℓ sådana att G kan beskrivas som den geometriska orten till egenskapen $E_{par}(P)$ = "Avståndet från P till F är lika stort som avståndet från P till linjen ℓ" (där P är en punkt i figurens plan).*

Punkten F kallas för parabelns **brännpunkt** och linjen ℓ för parabelns **styrlinje** eller **direktris**.

Och till sist **hyperbelns ortsbeskrivning**:

[3] *En plan geometrisk figur G utgör en hyperbel om och endast om det finns två punkter F_1 och F_2 och en sträcka s sådana att G kan beskrivas som den geometriska orten till egenskapen $E_{hyp}(P)$ = "P är en punkt i planet och skillnaden mellan avstånden från P till F_1 respektive F_2 är lika stor som sträckan s."*

Här avses avståndsskillnadens absolutbelopp:

$$|PF_1 - PF_2| = s$$

Punkterna F_1 och F_2 kallas för hyperbelns **brännpunkter** och sträckan s för dess **avståndsskillnad**.

1.2 Ellipsens ekvation

Låt oss innan vi går vidare påminna oss följande definitioner och samband rörande ellipsens utseende. Med **fokalavståndet** i en ellips eller hyperbel menas avståndet mellan dess brännpunkter. Här betecknar f **halva fokalavståndet**, alltså avståndet från ellipsens medelpunkt till endera av brännpunkterna. Om $s = 2a$ så är a den så kallade **halva storaxeln** i ellipsen. Vi låter b beteckna **halva lillaxeln** i ellipsen.[4]

[4] *För fokalavstånd, storaxel och lillaxel i en ellips gäller sambandet*

$$f^2 = a^2 - b^2$$

Eller omskrivet,

$$b^2 = a^2 - f^2$$

Ett bevis för påståendet får vi ur Pythagoras sats med stöd av figur 2 (och lämnas som en övning).

Vi ska inte lösa problemet med att finna ekvationen för en given ellips i ett rätvinkligt koordinatsystem helt generellt, utan nöjer oss med det fall där ellipsens storaxel är parallell med x–axeln. Vi delar upp analysen på två delproblem. Det är enklast att till att börja med bestämma ekvationen för en ellips som är centrerad kring origo:

Problem 1. Bestäm ekvationen för den ellips som i ett givet cartesiskt koordinatsystem har brännpunkterna $F_1 = (-f, 0)$ respektive $F_2 = (f, 0)$ och avståndssumman $S = 2a$ (där $a, f > 0$).

Lösning: 1. Låt $P = (x, y)$ vara en godtycklig punkt på ellipsen (se figur 2). Givet ortsbeskrivningen [1] för ellipsen har vi att

$$PF_1 + PF_2 = \sqrt{(x-f)^2 + y^2} + \sqrt{(x+f)^2 + y^2} = 2a$$

2. Vi flyttar över den andra termen i vänsterledet och kvadrerar bägge

[4] I den gren av fysiken som heter optik syftar man med termen "fokalavståndet" ofta(st) på hälften av avståndet mellan brännpunkterna.

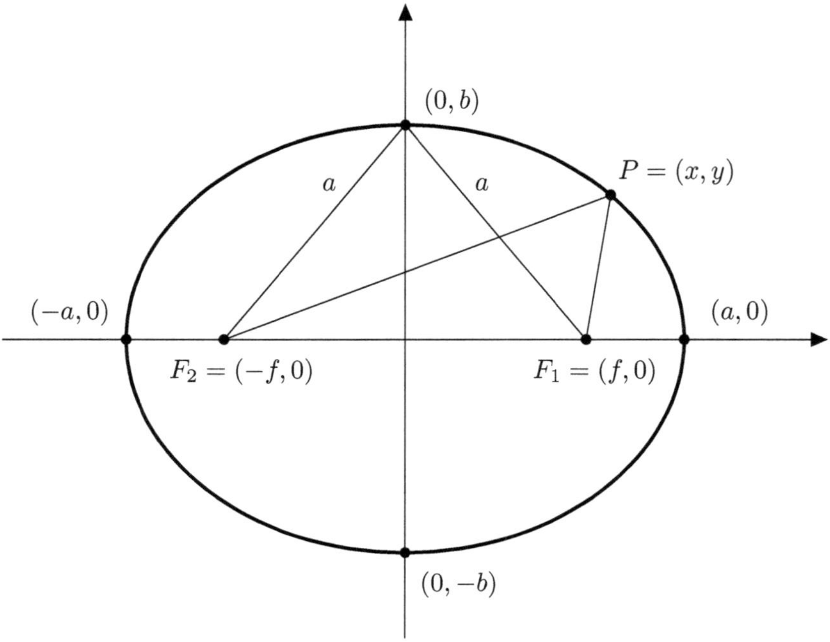

Figur 2: En ellips med brännpunkterna $F_1 = (f, 0)$ respektive $F_2 = (-f, 0)$ samt avståndssumman $S = 2a$ representerad i ett rätvinkligt koordinatsystem där ellipsens medelpunkt sammanfaller med origo. Lägg märke till att a, b och f bildar sidorna i två rätvinkliga trianglar som är speglingar av varandra.

leden ur (1). Med en del algebra får vi:

$$
\begin{aligned}
(x-f)^2 + y^2 &= 4a^2 - 4a\sqrt{(x+f)^2 + y^2} + (x+f)^2 + y^2 \\
x^2 - 2fx + f^2 &= 4a^2 - 4a\sqrt{(x+f)^2 + y^2} + x^2 + 2fx + f^2 \\
a\sqrt{(x+f)^2 + y^2} &= a^2 + fx \\
a^2(x^2 + 2fx + f^2 + y^2) &= a^4 + 2a^2fx + f^2x^2 \\
a^2x^2 - f^2x^2 + a^2y^2 &= a^4 - a^2f^2
\end{aligned}
$$

3. Vi kan nu ur VL och HL av (2) bryta ut $a^2 - f^2$, som är lika med

b^2 enligt [4]:

$$(a^2 - f^2)x^2 + a^2y^2 = a^2(a^2 - f^2)$$
$$b^2x^2 + a^2y^2 = a^2b^2$$

4. Division av VL och HL med a^2b^2 ger slutligen

$$\frac{x^2}{a^2} + \frac{y^2}{b^2} = 1$$

Och där är vi faktiskt klara. □

Låt oss sammanfatta:

[5] *Ekvationen*

$$\frac{x^2}{a^2} + \frac{y^2}{b^2} = 1$$

ger den ellips som i ett rätvinkligt koordinatsystem är centrerad kring origo och har halva storaxeln a och halva lillaxeln b.

I det specialfall $a = b = r$ ser vi att ekvationen *kollapsar* till

$$x^2 + y^2 = r^2$$

vilket är ekvationen för en cirkel kring origo med radien r.

Problem 2. Bestäm ekvationen för den ellips som i ett givet cartesiskt koordinatsystem har medelpunkten $M = (p, q)$, halva storaxeln a (parallell med x–axeln) och halva lillaxeln b.

Lösning: 1. Ekvationen $x'^2/a^2+y'^2/b^2 = 1$ ger den eftersökta ellipsen men centrerad kring origo.

2. För att få kurvan till rätt ställe genomför vi variabelbytet

$$x' = x - p$$
$$y' = y - q$$

3. Insättning av (2) i ekvation (1) ger ekvationen

$$\frac{(x-p)^2}{a^2}+\frac{(y-q)^2}{b^2}=1$$

Problemet är löst. □

Exempel 1. Ekvationen för den ellips som är centrerad kring punkten $(10, 10)$ och har storaxeln 8 och lillaxeln 6 enheter är

$$\frac{(x-10)^2}{16}+\frac{(y-10)^2}{9}=1$$

(med $a = 8/2$ och $b = 6/2$). □

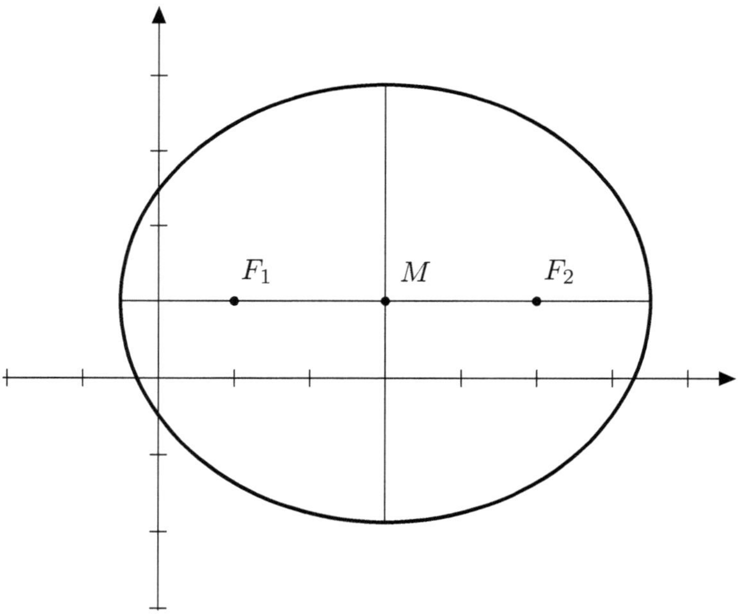

Figur 3: I exempel 2 bestämmer vi ekvationen för denna ellips. Den har brännpunkterna $F_1 = (1, 1)$ och $F_2 = (5, 1)$ (och därmed $f = 2$) samt avståndssumman $2a = 7$.

Exempel 2. Bestäm ekvationen för en ellips som har brännpunkterna $F_1 = (1, 1)$ respektive $F_2 = (5, 1)$ och avståndssumman 7 (se figur 3).

Lösning: 1. Ur $2a = 7$ får vi $a^2 = 3.5^2 = 12.25$. Fokalavståndet är $5 - 1 = 4$, vilket ger $f = 2$. Kvadraten på halva lillaxeln beräknar vi till $b^2 = a^2 - f^2 = 3.5^2 - 2^2 = 8.25$.

2. Ellipsens medelpunkt M ligger mittemellan brännpunkterna, det vill säga $M = (3, 1)$.

3. Ur (1) och (2) samt lösningen till föregående problem erhåller vi ellipsens ekvation som

$$\frac{(x-3)^2}{12.25} + \frac{(y-1)^2}{8.25} = 1$$

Och där är vi klara. □

1.3 Parabelns ekvation

Liksom i föregående avsnitt ska vi inte analysera problemet med att finna ekvationen för en given parabel i ett rätvinkligt koordinatsystem i full generalitet, utan begränsar oss till det fall där parabelns styrlinje är parallell med x–axeln. Analysen delas upp på två delproblem:

Problem 3. Finn ekvationen för den parabel som i ett givet cartesiskt koordinatsystem har brännpunkten $F = (0, c)$ och till direktris den linje ℓ som beskrivs av ekvationen $y = -c$, för något $c > 0$.[5]

Lösning: 1. Låt $P = (x, y)$ vara en godtycklig punkt på parabeln (se figur 4).

2. Avståndet från P till F ges, enligt Pythagoras sats, av

$$PF = \sqrt{(x-0)^2 + (y-c)^2} = \sqrt{x^2 + y^2 - 2cy + c^2}$$

3. Avståndet från P till linjen ℓ är detsamma som avståndet från P

[5] I fortsättningen skriver vi "$\ell : y = ...$" som kort notation för "den linje ℓ som i ett givet rätvinkligt koordinatsystem har ekvationen $y = ...$".

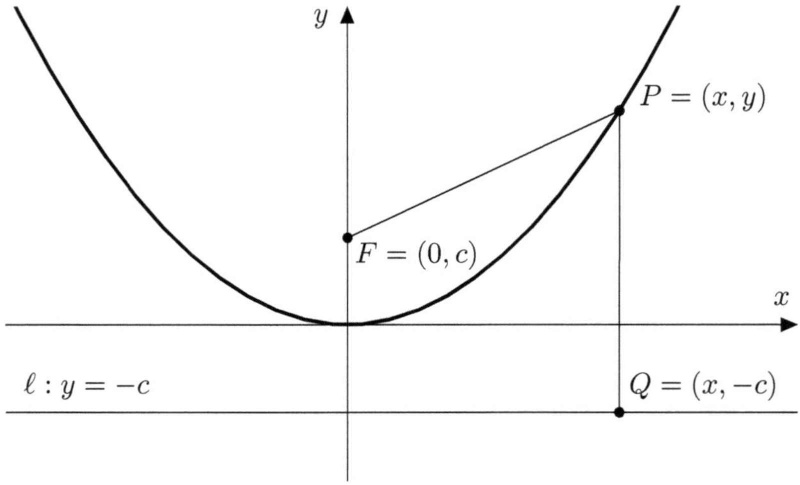

Figur 4: En parabel med brännpunkten $F = (0, c)$ och styrlinje $\ell : y = -c$ i ett rätvinkligt koordinatsystem är given. Det allmänna problemet 3 är att bestämma ekvationen för parabeln i det givna koordinatsystemet.

till punkten $Q = (x, -c)$:

$$PQ = \sqrt{(x-x)^2 + (y-(-c))^2} = \sqrt{y^2 + 2cy + c^2}$$

4. Eftersom P ligger på parabeln är $PF = PQ$. Alltså är kvadraterna på rotuttrycken i (2) och (3) lika:

$$x^2 + y^2 - 2cy + c^2 = y^2 + 2cy + c^2$$

5. Förenkling av likheten i (4) ger att $x^2 = 4cy$, vilket är matematiskt ekvivalent med att $y = x^2/4c$. □

En med lösningen till föregående problem helt analog analys där parabeln är vänd nedåt i koordinatsystemet, så att $c < 0$ men allt annat oförändrat, ger exakt samma ekvation.

[6] *Den parabel som i ett givet rätvinkligt koordinatsystem har brännpunkten $F = (0, c)$ och styrlinjen $\ell : y = -c$ beskrivs av ekvatio-*

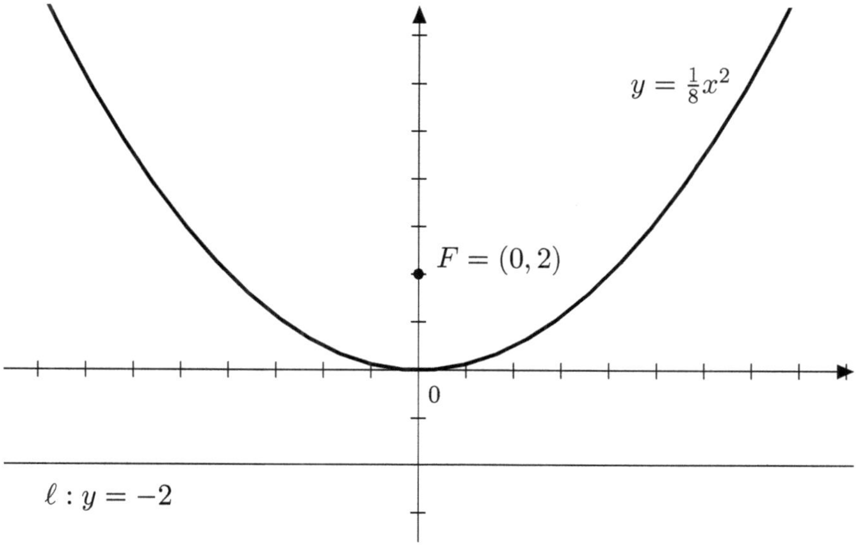

Figur 5: Den parabel som har brännpunkten $F = (0, 2)$ och styrlinje $\ell : y = -2$ beskrivs av ekvationen $y = x^2/8$ i ett rätvinkligt koordinatsystem.

nen

$$y = \frac{1}{4c}x^2$$

Denna analytiska beskrivning av parabeln kallas för **parabelns ekvation på normalform**.

Exempel 3. Ekvationen för en parabel med brännpunkten $F = (0, 2)$ och styrlinjen $y = -2$ i ett vanligt rätvinkligt koordinatsystem har parametern $c = 2$ och enligt [6] är $y = x^2/8$. I figur 5 har vi ritat grafen till ekvationen. □

Exempel 4. Var finner man brännpunkten och styrlinjen till den parabel som i ett rätvinkligt koordinatsystem beskrivs av ekvationen $y = 5x^2$?

Lösning: Genom identifikation får vi att $5 = 1/4c$, vilket i sin tur ger $c = 1/20 = 0.05$. Brännpunkten är $F = (0, 0.05)$ och styrlinjen $y = -0.05$. □

Nu till det generella problemet:

Problem 4. Bestäm ekvationen för den parabel som i ett givet rätvinkligt koordinatsystem har brännpunkten $F = (a, b)$ och styrlinjen $\ell : y = b - 2c$, för några reella tal a, b, c.

Lösning: 1. En lösning är att förskjuta ekvationen för den parabel $\mathbf{P}'$ som har brännpunkten $F' = (0, c)$ och styrlinjen $\ell' : y = -c$. Enligt [6] är ekvationen för denna parabel

$$y' = x'^2/4c$$

2. Det vertikala avståndet mellan F' och F är $b - c$ (räknat med positivt tecken uppåt) medan det horisontella avståndet är $a - 0 = a$. För att förskjuta $\mathbf{P}'$ $b - c$ enheter uppåt och a enheter åt höger gör vi följande variabelbyte:

$$\begin{aligned} x' &= x - a \\ y &= y' + b - c \end{aligned}$$

3. Insättning av (2) i ekvation (1) samt förenkling ger:

$$\begin{aligned} y &= \frac{1}{4c}(x-a)^2 + b - c \\ &= \frac{1}{4c}\left(x^2 - 2ax + a^2\right) + b - c \\ &= \frac{1}{4c}x^2 + \left(-\frac{a}{2c}\right)x + \left(\frac{a^2}{4c} + b - c\right) \end{aligned}$$

Problemet är löst. □

Genom ett lämpligt val av beteckningar har vi därmed nått målet för det här avsnittet om parabeln:

[7] *Ekvationen*

$$y = Ax^2 + Bx + C$$

(där A, B och C är reella tal och $A \neq 0$) beskriver i ett rätvinkligt

koordinatsystem den parabel som har brännpunkten $F = (a, b)$ *och styrlinjen* $\ell : y = b - 2c$*, där* a, b *och* c *låter sig bestämmas ur ekvationssystemet*

$$\begin{cases} A = 1/4c \\ B = -a/2c \\ C = a^2/4c + b - c \end{cases} \tag{I}$$

Utbrytning av variablerna a, b, c ur ekvationsystemet ger att

$$\begin{cases} c = 1/4A \\ a = -2Bc \\ b = C + c - a^2/4c = C + c(1 - B^2) \end{cases} \tag{II}$$

Givet brännpunkt och styrlinje i ett koordinatsystem kan vi alltså bestämma andragradsekvationen för motsvarande parabel, och omvänt, givet en andragradsekvation kan vi bestämma brännpunkt och styrlinje till den parabel som ekvationen beskriver i ett rätvinkligt koordinatsystem.

Exempel 5. Var finner man brännpunkten och styrlinjen till den parabel som ekvationen $y = 3x^2 - 7x + 8$ beskriver i ett rätvinkligt koordinatsystem?

Lösning: För att finna dessa sätter vi in motsvarande värden på A, B, C i ekvationssystemet (II):

$$c = 1/4A = 1/(4 \cdot 3) = \frac{1}{12}$$

$$a = -2Bc = -2 \cdot (-7) \cdot (1/12) = 14/12 = \frac{7}{6}$$

$$b = C + c(1 - B^2) = 8 + \frac{1}{12}(1 - 7^2) = 8 - \frac{48}{12} = 4$$

Parabeln har med andra ord brännpunkten $F = (\frac{7}{6}, 4)$ och styrlinjen $y = b - 2c = 4 - 1/6 = 3\frac{5}{6}$. □

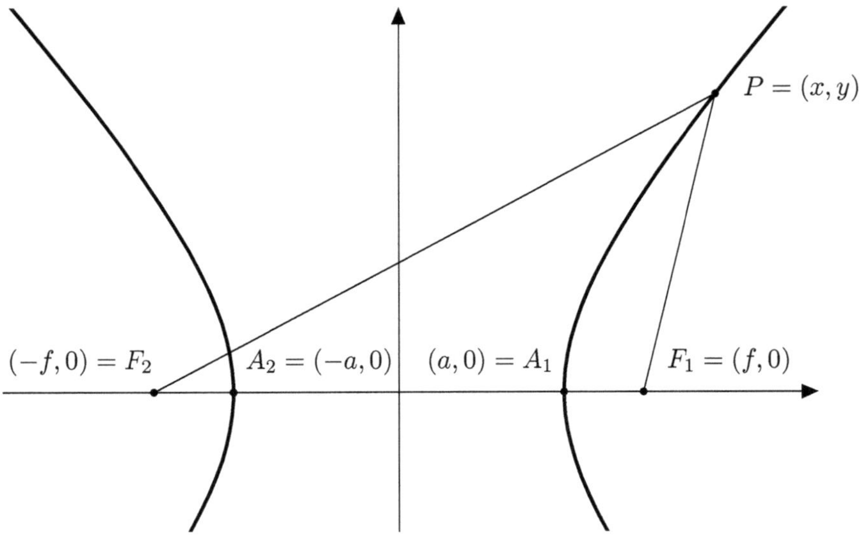

Figur 6: Vi bestämmer ekvationen för den hyperbel som är centrerad kring origo och symmetrisk kring koordinataxlarna, vars brännpunkter är $F_1 = (f, 0)$ respektive $F_2 = (-f, 0)$ och avståndssumman är $2a$.

Lägg märke till att parabelns vändpunkt (extrempunkt) alltid ligger *mittemellan brännpunkten och styrlinjen.*

1.4 Hyperbelns ekvation

I det här avsnittet kan vi nöja oss med en analys av hyperbelns ekvation i ett rätvinkligt koordinatsystem, i det fall där hyperbeln är centrerad kring origo och symmetrisk i koordinataxlarna.

Problem 5. Bestäm ekvationen för en hyperbel med brännpunkterna $F_1 = (f, 0)$ respektive $F_2 = (-f, 0)$ samt avståndsskillnaden $S = 2a$, där $0 < 2a < 2f$ (i annat fall blir hyperbeln $\emptyset$, den tomma mängden). Hyperbeln har alltså det halva fokalavståndet lika med f.

Lösning: 1. Antag att $P = (x, y)$ är en punkt på hyperbeln. Här är två fall möjliga: P ligger på hyperbelns högra gren, varvid $x > 0$, eller så ligger P på den vänstra grenen, varvid $x < 0$. Låt oss analysera det första fallet $x > 0$; det andra fallet överlåter jag till läsaren som en övning (problem 14).

2. Givet antagandet $x > 0$ i (1) gäller att $PF_2 > PF_1$, och alltså är

$$PF_2 - PF_1 = \sqrt{(x+f)^2 + y^2} - \sqrt{(x-f)^2 + y^2} = 2a$$

3. Vi flyttar över den andra kvadratrotstermen i (2) och kvadrerar bägge leden:

$$\begin{aligned}
(x+f)^2 + y^2 &= (x-f)^2 + y^2 + 4a\sqrt{(x-f)^2 + y^2} + 4a^2 \\
x^2 + 2fx + f^2 &= x^2 - 2fx + f^2 + 4a\sqrt{\ldots} + 4a^2 \\
(fx - a^2)^2 &= (a\sqrt{(x-f)^2 + y^2})^2 \\
&= a^2[(x-f)^2 + y^2] \\
f^2x^2 - 2fa^2x + a^4 &= a^2(x^2 - 2fx + f^2 + y^2) \\
&= a^2x^2 - 2fa^2x + a^2f^2 + a^2y^2 \\
(f^2 - a^2)x^2 - a^2y^2 &= a^2f^2 - a^4 \\
&= a^2(f^2 - a^2)
\end{aligned}$$

4. Sätt $b^2 = f^2 - a^2$. Division av VL och HL i sista likheten ur (3) med $a^2(f^2 - a^2)$ ger

$$\frac{x^2}{a^2} - \frac{y^2}{b^2} = 1$$

Där har vi nu hyperbelns ekvation. □

Låt oss sammanfatta i en display:

[8] *Ekvationen*

$$\frac{x^2}{a^2} - \frac{y^2}{b^2} = 1$$

ger i ett rätvinkligt koordinatsystem den hyperbel som är centrerad kring origo och symmetrisk i koordinataxlarna, där $2a$ *är hyperbelns avståndsskillnad och* $f = \sqrt{a^2 + b^2}$ *är hyperbelns halva fokalavstånd.*

De punkter A_1 och A_2 mellan vilka avståndet mellan hyperbelns båda grenar är som minst kallas för dess **noder** (eng. *vertices*). I figur 6 och 7 utgörs dessa av skärningspunkterna mellan hyperbeln och x–axeln. Sträckan A_1A_2 har längden $2a$ och kallas för hyperbelns **transversalaxel**. Låt $B_1 = (0, b)$ och $B_2 = (0, -b)$. Sträckan B_1B_2 har då längden $2b$ och kallas för hyperbelns **konjugataxel**. Varje hyperbel har två **asymptoter**, det vill säga räta linjer som närmar sig kurvan mer och mer i all oändlighet, men utan att någonstans skära den. Den geometriska relationen mellan transversalaxel, konjugataxel och asymptoter framgår av illustrationen till följande exempel.

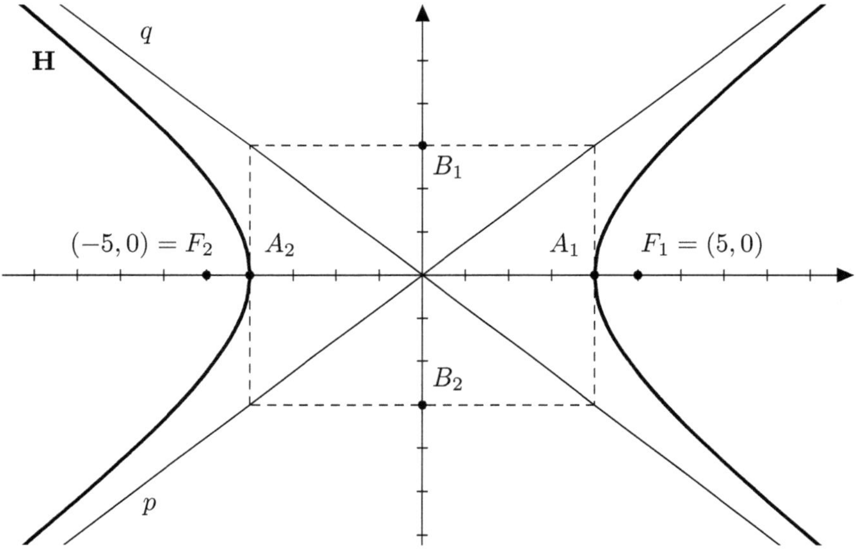

Figur 7: Grafen till ekvationen $x^2/16 - y^2/9 = 1$ utgörs av en hyperbel **H** centrerad kring origo och symmetrisk i koordinataxlarna. Brännpunkterna är $F_1 = (5, 0)$ respektive $F_2 = (-5, 0)$ och avståndsskillnaden $2a = 8$. Sträckan A_1A_2 mellan hyperbelns båda noder är dess transversalaxel och sträckan B_1B_2 med längden $2b = 6$ hyperbelns konjugataxel. Linjerna p och q utgör asymptoter till hyperbeln.

Exempel 6. Låt oss titta på ekvationen:

$$\frac{x^2}{16} - \frac{y^2}{9} = 1$$

Den har formen av ekvationen för en hyperbel som i ett rätvinkligt koordinatsystem är centrerad kring origo. Genom identifikation ser vi att $a = \sqrt{16} = 4$ och $f = \sqrt{a^2 + b^2} = \sqrt{25} = 5$. Hyperbelns avståndsskillnad är alltså 8 enheter och dess fokalavstånd 10 enheter. Halva konjugataxeln finner vi som $b = \sqrt{9} = 3$, så att konjugataxeln har längden 6 enheter. Grafen till ekvationen är ritad i figur 7. □

2 Lock/portar

Teorifrågor

F1. Vad är ett kägelsnitt? Vilka är de tre icke–urartade kägelsnitten?

F2. Hur lyder ortsbeskrivningen genom brännpunkter för ellips, parabel och hyperbel?

F3. Redogör kortfattat för följande termer förknippade med:

(a) ellipsen: brännpunkter, avståndssumma, fokalavstånd, storaxel, lillaxel.

(b) parabeln: brännpunkt, styrlinje (direktris), ekvation på normalform

(c) hyperbeln: brännpunkter, avståndsskillnad, grenar, fokalavstånd, noder, transversalaxel, konjugataxel, asymptoter

F4. Vad är: (a) ekvationen för parabeln på normalform

(b) den allmänna ekvationen för en parabel i ett rätvinkligt koordinatsystem (där styrlinjen förutsättes vara parallell med x–axeln).

F5. Ange ekvationen för:

(a) en ellips centrerad kring origo och symmetrisk i koordinataxlarna

(b) en hyperbel centrerad kring origo och symmetrisk i koordinataxlarna.

Problem

P6. Bestäm ekvationen för den ellips centrerad kring origo som har fokalavståndet 10 och storaxeln 15.

P7. Bestäm storaxel, lillaxel och fokalavstånd i den ellips som i ett rätvinkligt koordinatsystem beskrivs av ekvationen

$$\frac{x^2}{36} + \frac{y^2}{16} = 1$$

P8. Bestäm ekvationen för den ellips som har brännpunkterna $F_1 = (12, 5)$ respektive $F_2 = (20, 5)$ samt avståndssumman 14.

P9. Bestäm ekvationen för den parabel som i ett rätvinkligt koordinatsystem har:

(a) brännpunkten $F = (0, 5)$ och styrlinje $y = -4$.

(b) brännpunkten $F = (5, 7)$ och styrlinje $y = -3$.

P10. Bestäm brännpunkt och styrlinje till den parabel som i ett rätvinkligt koordinatsystem beskrivs av ekvationen:

(a) $y = 10x^2$ (b) $y = 4x^2 + x - 2$

P11. Bestäm ekvationen för den hyperbel centrerad och symmetrisk kring origo som har fokalavståndet 8 och avståndsskillnaden 6.

P12. Bestäm fokalavstånd, transversalaxel samt konjugataxel för den hyperbel som i cartesiska koordinater beskrivs av ekvationen

$$\frac{x^2}{20.25} - \frac{y^2}{2.25} = 1$$

P13*. Finn ekvationssystemet i sats [7] genom att istället göra variabelbytet

$$x' = x - a$$
$$y' = y - b + c$$

och sedan bryta ut y i termer av x.

P14*. Fortsättning på problem 6: Visa hyperbelns ekvation för den vänstra grenen, där $x < 0$.

De komplexa talen: en introduktion

Artikel 6 ur DFM, portfölj IV

Innehåll

Abstract

De reella talen ingår i matematikvetenskapen i ett ännu större talområde som kallas för *de komplexa talen*. De komplexa talen gör det plötsligt möjligt att bland annat dra roten ur negativa tal. De komplexa talen utgör det mest omfattande talområde man rör sig med i merparten av matematiken och dess tillämpningar inom naturvetenskap och ingenjörskonst.

Införandet av de komplexa talen (i Europa någon gång efter 1500-talet) som matematiskt verktyg har visat sig vara högst fruktbart i arbetet med en hel del matematiska, naturvetenskapliga och tekniska problem, och har bidragit till många intressanta upptäckter. De komplexa talen är till exempel ett centralt verktyg i fraktalgeometri (se figur 1) och datorgrafik samt inom kvantfysiken genom dess kvantmekaniska formalism. De vågfunktioner som ingår i Schrödingers berömda ekvationer för beskrivningen av partiklar och andra kvantmekaniska system är just komplexvärda funktioner.

I denna artikel ges en översiktlig introduktion till de komplexa talens matematik.

1 Kärninnehåll

Med de komplexa talen skulle jag tro att de flesta studenter har upplevelsen av att stå inför och ha att göra med en sorts 'matematisk uppfinning', utan att där samtidigt skulle finnas någon förväntning på att dessa komplexa tal ska besitta någon realitet ovanpå sin användbarhet som matematisk teknik. Därmed inte sagt att de inte kunde besitta någon sådan ontologisk realitet, utan bara att *förväntningen* saknas, vilket är att konstatera någonting annat.

På grund av denna frånvaro av krav eller förväntningar brukar man (paradoxalt nog) inte alls uppleva samma begreppsliga svårigheter med de komplexa talen som med de irrationella (reella) talen, klassisk geometri och matematisk analys. Det kan kännas ganska så lätt och lekfullt att tillägna sig den komplexa aritmetikens grunder.

Figur 1: Detalj av den så kallade **mandelbrotfraktalen** (eller **mandelbrotmängden**) uppritad i det komplexa talplanet. Efter den franske matematikern Benoit Mandelbrot, som var den förste att med datorkraft visualisera dessa fraktalmängder (boken *The Fractal Geometry of Nature*, 1982). Mängdens definition utförs i termer av en funktion definierad på de komplexa talen. [Källa: Wikipedia, artikeln "Mandelbrot set", 9 mars 2018, skapad av Wolfgang Beyer; Creative Commons Attribution–Share Alike 3.0 Unported license.]

1.1 Den imaginära enheten träder fram på scenen. De komplexa talen $\mathbb{C}$

Uppförandet av de komplexa talen går till såhär: Vi introducerar en **imaginär enhet** i med den speciella egenskapen[1]

$$i^2 = -1$$

Man skriver också:

$$i = \sqrt{-1}$$

Inom det reella talområdet är produkten av ett tal med sig självt alltid icke–negativ, varför kvadratroten ur ett negativt tal är odefinierad för reella tal. Detta innebär att införandet av den imaginära enheten är ett avsteg, ett *tankesprång* bort från de reella talen. Inom det komplexa talområdet är det nu möjligt att på sätt och vis dra roten ur ett negativt tal.

(Den formella) produkten bi av i och ett reellt tal b kallas för ett **imaginärt tal.**[2] Ett **komplext tal** z är då en (formell) summa av ett reellt tal a och ett imaginärt tal bi:

$$z = a + bi$$

Talet a kallas för **realdelen** av z och talet b för **imaginärdelen** av z. Dessa brukar betecknas $\mathrm{Re}[z]$ respektive $\mathrm{Im}[z]$. Ett imaginärt tal är alltså ett komplext tal för vilket realdelen är noll.

Exempel 1. Det komplexa talet $z = 3 + 7i$ är 'summan' av det reella talet 3 och det imaginära talet $7i$. Här gäller $\mathrm{Re}[3+7i] = 3$ och $\mathrm{Im}[3 + 7i] = 7$. □

---

[1] I en del teknologiska tillämpningar betecknas den imaginära enheten med bokstaven j istället, eftersom "i" där används som beteckning för en växelström.

[2] Själva orden "imaginärt tal" användes av filosofen Descartes under 1600–talet.

Mängden av komplexa tal brukar betecknas

$$\mathbb{C}$$

Det komplexa talet $a+0i$ betraktas som identiskt med det reella talet a:

$$a + 0i = a + 0 = a$$

Detta innebär att de reella talen räknas som en delmängd av de komplexa. Eftersom dessutom flertalet komplexa tal inte är reella är relationen den av äkta delmängd:

$$\mathbb{R} \subset \mathbb{C}$$

1.2 Strukturspecifikationen för $\mathbb{C}$

Den allmänna princip som man vill ska gälla vid räkning med komplexa tal är den här:

[1] *Förutom den säregna specifikationen $i^2 = -1$, ska i allt övrigt operationerna addition och multiplikation utvidgade från de reella till de komplexa talen uppfylla samma fundamentala räknelagar som de reella talen: kommutativitet, associativitet, distributivitet och 0 och 1 som neutrala element.*

Som det visar sig kommer de komplexa talen att, likt de rationella respektive reella talen, bilda en kropp.

Principen [1] kunde vi förslagsvis kalla för **(den första) strukturspecifikationen** för $\mathbb{C}$.

Exempel 2. Vad blir kvadratroten ur -9 i de komplexa talen? Med strukturspecifikationen får vi att

$$3i \cdot 3i = 3 \cdot 3 \cdot i \cdot i = 9 \cdot (-1) = -9$$

Vi har förstås också att

$$(-3i) \cdot (-3i) = (-3)^2 \cdot i^2 = -9$$

Både 3i och $(-3i)$ löser ekvationen $x^2 = -9$. Vi väljer dock $\sqrt{-9} = 3i$, eftersom vi då kan operera med kvadratrötter enligt samma regler som för positiva reella tal:

$$\sqrt{-9} = \sqrt{9 \cdot (-1)} = \sqrt{9} \cdot \sqrt{-1} = 3i$$

□

Generellt gäller att om a är ett positivt reellt tal, så sätter vi

$$\sqrt{-a} = i\sqrt{a}$$

1.3 Det komplexa talplanet och arganddiagram

Det vanliga sättet att göra sig en bild av de komplexa talen är som pilar eller punkter i ett tvådimensionellt koordinatsystem, som i det sammanhanget kallas för **det komplexa talplanet**. Denna metod för bildmässig, diagrammatisk, representation av komplexa tal heter **arganddiagram**.[3] På den horisontella axeln finner vi realdelen och denna kallas därför **den reella axeln** i det komplexa talplanet. På den vertikala axeln avläser vi istället talets imaginärdel och denna kallas därför **den imaginära axeln**. Det komplexa talplanet utgör *en 2-dimensionell analogi* till den 1–dimensionella reella tallinjen.

Låt oss titta på ett exempel på hur beräkningar med komplexa tal kan gå till:

Exempel 3. I figur 2 åskådliggörs de komplexa talen $z_1 = 1 + i$ och $z_2 = 2 + 2i$. Beräkna: (a) $z_1 + z_2$ (b) $z_1 z_2$

[3]Efter en fransk bokhandlare och amatörmatematiker Jean–Robert Argand (1768–1822).

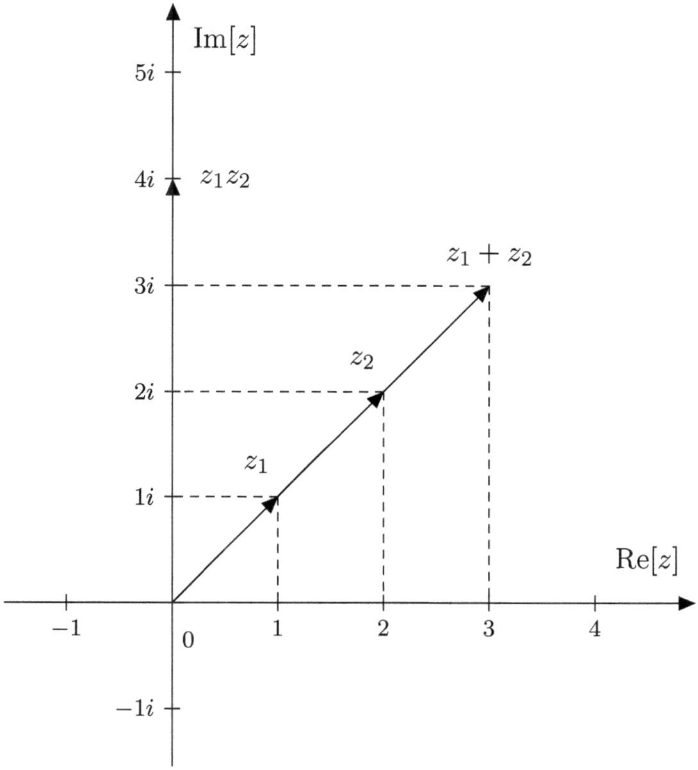

Figur 2: Alla komplexa tal kan representeras tvådimensionellt genom det komplexa talplanet. I arganddiagrammet ovan visas de komplexa talen $z_1 = 1+i$ och $z_2 = 2+2i$ samt deras resulterande summa $z_1+z_2 = 3+3i$ respektive produkt $z_1z_2 = 4i$.

Lösning: (a) I enlighet med regel [1] får vi att

$$(1+i)+(2+2i) = 1+2+i+2i = 3+3i$$

(b) Låt oss nu se vad som händer när vi multiplicerar dessa komplexa tal med varandra enligt regel [1]:

$$\begin{aligned}(1+i)(2+2i) &= 1\cdot 2 + 1\cdot 2i + i\cdot 2 + i\cdot 2i \\ &= 2 + 2i + 2i + 2\cdot i^2 \\ &= 2 + 4i + 2\cdot(-1) \\ &= 4i\end{aligned}$$

Produkten av dessa två komplexa tal är alltså det imaginära talet $4i$, vilket också illustreras i figur 2. □

Den transparenta kopplingen till det *geometriska* planet innebär möjligheten att anknyta komplex aritmetik till geometri och geometriska problemställningar. Detta gör det komplexa talplanet till ett ytterst användbart matematiskt verktyg inom bildhantering, datorgrafik, spelprogrammering, med mera.

1.4 Formler för summa, differens och produkt

De allmänna formlerna för summan, differensen respektive produkten av två komplexa tal ser ut såhär:

[2] *Låt $z_1 = a + bi$ och $z_2 = c + di$ vara komplexa tal. Då är*

(a) $z_1 + z_2 = (a + c) + (b + d)i$

(b) $z_1 - z_2 = (a - c) + (b - d)i$

(c) $z_1 z_2 = (ac - bd) + (ad + bc)i$

Formlerna motiveras med stöd av regel [1]:

[2:a] Den första formeln erhåller vi genom kravet på att operationen $+$ helt enkelt bevarar de fundamentala räknelagarna intakta, utan att där finns någon anledning att nämna den speciella egenskapen hos objektet i:

$$\begin{aligned}z_1 + z_2 &= (a + bi) + (c + di) = a + bi + c + di \\ &= a + c + bi + di = (a + c) + (b + d)i\end{aligned}$$

[2:b] Visas analogt med [2:a].

[2:c] Produktformeln får vi genom räknelagarna tillsammans med specifikationen $i^2 = -1$:

$$\begin{aligned}(a+bi)(c+di) &= ac + adi + bic + bdi^2 \\ &= ac + adi + bci + bd(-1) \\ &= (ac - bd) + (ad + bc)i\end{aligned}$$

1.5 Det komplexa talet som ett ordnat par av reella tal

Det kan tyckas en smula märkligt att bara sådär hux flux introducera en symbol 'i' kommande med vissa krav, och sedan förvänta sig att detta ska resultera i ett fungerande stycke matematik. Representationen av det komplexa talet som en vektor (pil) eller punkt i det vanliga cartesiska planet ger oss en fingervisning om hur man i matematiken undanröjer denna naturliga upplevelse av oklarhet redan från början.

Istället för att skriva ett komplext tal som en formell summa '$a + bi$', kunde man tänka sig att helt enkelt definiera 'ett komplext tal' som ett *ordnat par* (a, b) av vanliga reella tal a och b och det komplexa talområdet som mängden av alla ordnade par av reella tal. Med mängdlärans notation:

$$\mathbb{C} = \mathbb{R} \times \mathbb{R} = \mathbb{R}^2$$

Detta räknas faktiskt som en korrekt identitet i matematiken: ett komplext tal definieras som ett ordnat par av reella tal. Så får vi till exempel att det ordnade paret $(5, 7)$ utgör, motsvarar, representerar det komplexa talet $5 + 7i$ och att $(\sqrt{2}, 1)$ utgör det komplexa talet $\sqrt{2} + i$.

Därefter kan addition och multiplikation med ordnade par av reella tal under synvinkeln av 'komplexa tal' definieras med utgångspunkt i formlerna för summan och produkten av komplexa tal. Dessa så definierade binära operationer på mängden av ordnade par av reella tal kan relativt enkelt bevisas uppfylla strukturspecifikationen för $\mathbb{C}$ — vi erhåller en kropp, som omfattar $\mathbb{R}$ såsom en delkropp, och som innehåller ett objekt vars kvadrat är lika med negativt 1. Närmare bestämt är detta objekt i det ordnade paret $(0, 1)$.

Det imaginära talet bi identifieras generellt med det ordnade paret $(0, b)$. Det reella talet a, uppfattat under synvinkeln komplext tal, identifieras istället med det ordnade paret $(a, 0)$, så att exempelvis talet 1 motsvarar det ordnade paret $(1, 0)$. På så sätt erhåller vi $\mathbb{R}$ som en delkropp av $\mathbb{C}$ genom *strukturidentifikation (isomorfi)*.

Ett sätt att se på 'de komplexa talen' är med andra ord detta: att räkna med komplexa tal är att räkna med ordnade par av reella tal under synvinkeln av de operationer på ordnade par som motiveras av strukturspecifikationen [1]. Vi återkommer till strukturspecifikation och konstruktion av $\mathbb{C}$ samt en del andra frågor i kommentarerna.

1.6 Absolutbelopp och argument. Geometrisk tolkning av addition och multiplikation med komplexa tal

Addition med komplexa tal kan utföras på samma sätt som addition av geometriska vektorer i planet. Detta innebär att addition med komplexa tal ansluter sig till **vektorregeln för addition** med talpilar, liksom den som gäller för addition med negativa tal: Arganddiagrammet för summan $z_1 + z_2$ får man genom att fästa z_2:s början vid spetsen på z_1 och sedan dra en pil från origo till z_2:s spets. Om z_1 och z_2 inte är parallella spänner de vid sammansättning enligt vektorregeln, som vi ser, upp en parallellogram. Summan av de komplexa talen z_1 och z_2 ritas av den diagonal inuti parallellogrammen som går från origo (se figur 3).

Hur är det då med multiplikation? Vilken geometrisk innebörd kan man ge produkten av två komplexa tal? Innan vi går vidare under-

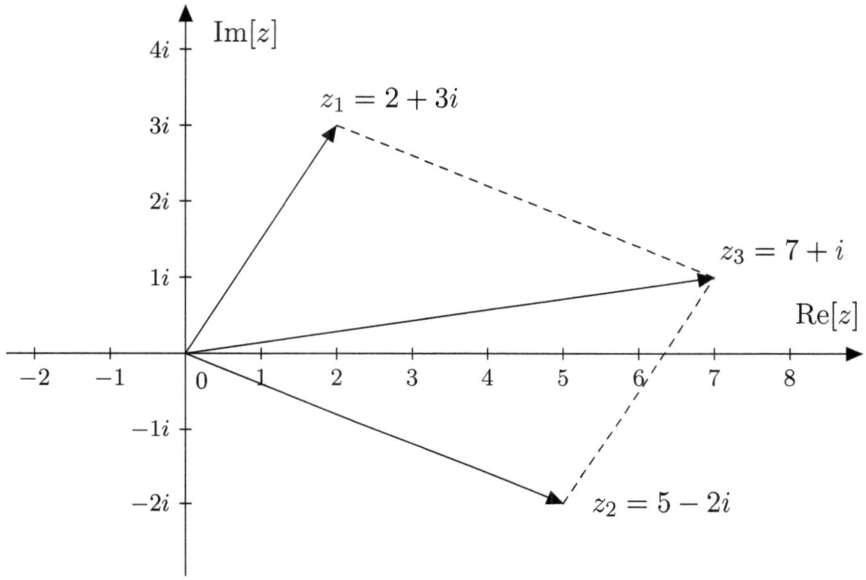

Figur 3: Summan $z_3 = z_1 + z_2$ av två komplexa tal z_1 och z_2 beräknas enligt vektorregeln: talpilarna sätts samman som i en parallellogram av vektorer.

lättar det beskrivningen med ytterligare en liten smula terminologi.

Med **absolutbeloppet** av ett komplext tal $z = a + bi$ menas det icke–negativa reella talet

$$|z| = \sqrt{a^2 + b^2}$$

Genom Pythagoras sats inser vi att absolutbeloppet motsvarar avståndet mellan punkten $(0, 0)$ och (a, b) i planet, samma sak som längden av den pil (vektor) som z utritar i det komplexa talplanet. Om $\text{Im}[z] = 0$ så är $|z|$ helt enkelt det vanliga absolutbeloppet till ett reellt tal. Absolutbeloppet av differensen $|z_1 - z_2|$ mellan två komplexa tal är, geometriskt sett, avståndet mellan punkterna z_1 och z_2.

Med **argumentet** av, till, för ett komplext tal z menas den vinkel som z bildar i förhållande till den positiva reella axeln. Argumentet betecknas

$$\arg(z)$$

Argumentet för ett komplext tal är entydigt bestämt bortsett från multiplar av ett helt varv (360°, 2π rad).[4]

Exempel 4. Det gäller att

$$|3 + 4i| = \sqrt{3^2 + 4^2} = \sqrt{25} = 5$$

och

$$\arg(3 + 4i) = \arctan(\text{Im}[z]/\text{Re}[z]) = \arctan(4/3) \approx 53.13^\circ$$

Se figur 4. □

Det första vi kan konstatera är att produkten $z_1 z_2$ utgör en talpil i det komplexa talplanet, vars längd är lika med produkten av längden av z_1 respektive z_2. Detta matematiska faktum formulerat i termer av absolutbeloppet lyder:

[3] *Absolutbeloppet för produkten av två komplexa tal är lika med produkten av talens respektive absolutbelopp. Med matematisk notation:*

$$|z_1 z_2| = |z_1| \cdot |z_2|$$

Vi kan också referera till sambandet som **satsen om produktens absolutbelopp**. Beviset förlägger vi till nästa avsnitt, eftersom vi där introducerar begreppet konjugat och notation för detta, vilket kommer att göra beviset för [3] mycket överskådligt.

Det andra vi kan konstatera är att den vinkel som produkten $z_1 z_2$

[4]Till exempel motsvarar 30° samma argument som $30 + 360 = 390^\circ$, som motsvarar samma argument som $30 + 2 \cdot 360 = 750^\circ$, och så vidare. Generellt representerar samtliga värden

$$\theta + 360^\circ \cdot n,$$

där n är ett heltal, samma argument som θ, det numeriskt minsta icke–negativa vinkelmått som det komplexa talet z tillåter (normalt uttrycks argumentet dock i enheten radianer).

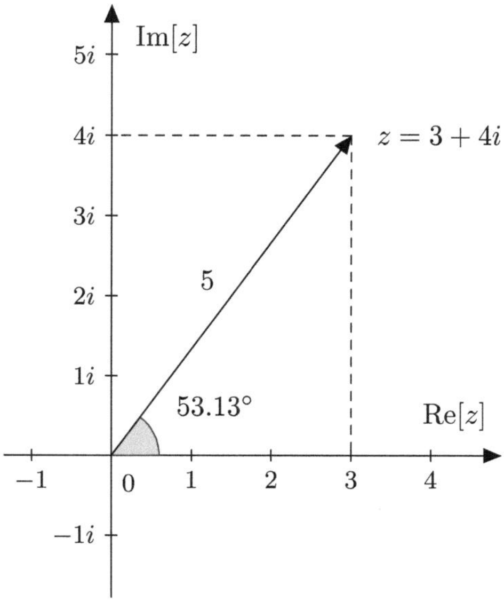

Figur 4: Absolutbeloppet $|z| = 5$ är längden av den vektor som det komplexa talet $z = 3 + 4i$ motsvarar i diagrammet. Argumentet $\arg(z) = 53.13°$ är den vinkel som vektorn bildar mot den positiva realaxeln.

kommer att bilda i förhållande till den positiva reella axeln är lika med summan av vinklarna för de respektive komplexa faktorerna. I termer av argumentet:

[4] *Argumentet för produkten av två komplexa tal är lika med summan av talens respektive argument. Med matematisk notation:*

$$\arg(z_1 z_2) = \arg(z_1) + \arg(z_2)$$

Vi kan referera till [4] som **satsen om produktens argument**. Det (förmodligen) enklaste beviset för satsen utgår från elementär trigonometri och representationen av komplexa tal på så kallad *polär form*, formen $re^{i\theta}$. För denna fortsättning hänvisas läsaren till någon lärobok i algebra eller envariebelanalys för högskola och universitet, där komplexa tal på polär form normalt ingår som ett av grundkursens moment.

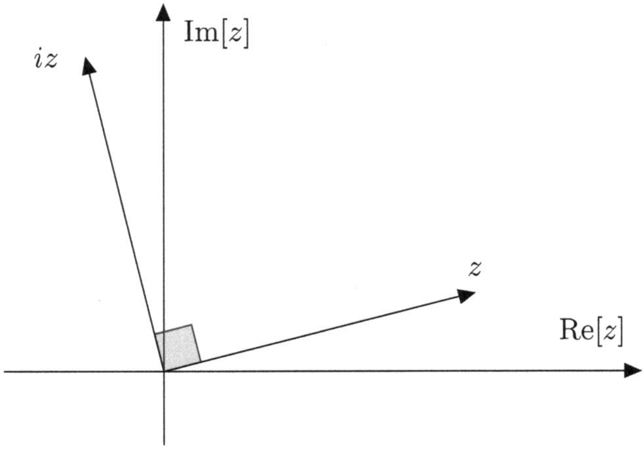

Figur 5: Multiplikation av ett komplext tal z med den imaginära enheten i motsvarar i arganddiagrammet en moturs vridning ett kvarts varv.

Exempel 5. (a) Produkten av ett komplext tal z och den imaginära enheten i innebär alltid ett kvarts varvs, nittio graders, vridning moturs. Om $z = a + bi$ så är $iz = i(a + bi) = -b + ai$. Vektorn $(-b, a)$ innebär just en vridning $90°$ av vektorn (a, b) (se figur 5).

(b) I exempel 1 beräknades produkten av de komplexa talen $z_1 = 1+i$ och $z_2 = 2+2i$. Eftersom dessa två komplexa tal har realdelen lika med imaginärdelen bildar de $45°$ vinkel i förhållande till den reella axeln. Alltså kan vi omedelbart konstatera att produkten $w = z_1z_2$ kommer att ha argumentet $\arg(w) = 45 + 45 = 90°$, och alltså ligga på den imaginära axeln. Talets belopp får vi som $|w| = |z_1||z_2| = \sqrt{2}\sqrt{8} = 4$. Slutsatsen är att $w = 4i$, vilket är samma resultat som i exempel 3.

1.7 Konjugatet till ett komplext tal och mer om absolutbeloppet

Det visar sig nyttigt att göra följande definition: Med **(det komplexa) konjugatet** till ett givet komplext tal $z = a + bi$ menar vi det komplexa talet

$$\overline{z} = a - bi$$

Vi säger också att $\overline{z}$ är det till z **konjugerade** talet. Skrivsättet

$$z^*$$

för konjugatet förekommer också, ibland i samma text, eftersom konjugeringen av långa uttryck för komplexa tal blir mindre otymplig då. Korta sätt att läsa skrivsätten är "z–streck", "z–stjärna" eller "z–konjugat".

Med andra ord är $\text{Re}[\overline{z}] = \text{Re}[z]$ och $\text{Im}[\overline{z}] = -\text{Im}[z]$. Konjugatet till konjugatet är förstås lika med ursprungstalet:

$$\overline{\overline{z}} = z$$

Lägg också märke till att i det komplexa talplanet motsvarar konjugatet den talpil som är speglad i realaxeln jämfört med ursprungstalet z. Detta innebär att argumentet för konjugatet är lika med negativet till ursprungstalets argument:

$$\arg(\overline{z}) = -\arg(z)$$

Exempel 6. I figur 6 åskådliggörs det komplexa talet $z = 3 + 5i$ och dess konjugat

$$\overline{z} = \overline{3 + 5i} = 3 - 5i$$

Pilen $\overline{z}$ utgör speglingen av pilen z i den reella axeln. Pilarna bildar lika stor vinkel mot den positiva reella axeln, bara med omvänt tecken. $\square$

Följande **batteri av räknelagar** för konjugatet kommer vi ha användning för längre fram:

[5] *Låt z vara ett komplext tal. Då är*

(a) $z\overline{z} = |z|^2$

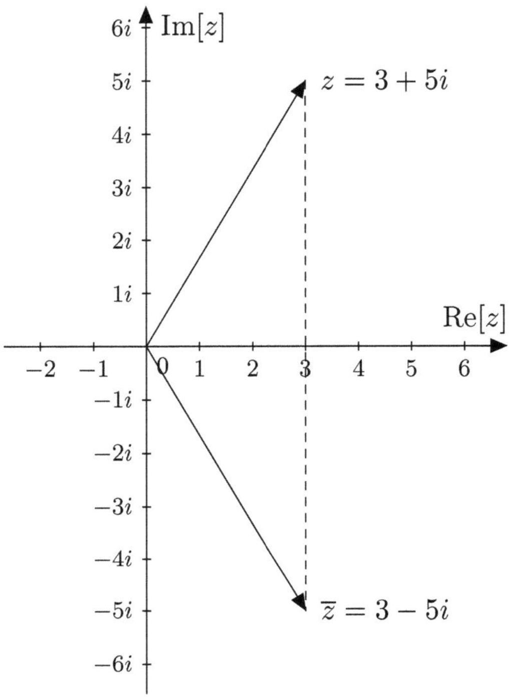

Figur 6: Konjugatet till det komplexa talet $z = 3 + 5i$ är $\overline{z} = 3 - 5i$, vilket motsvarar speglingen av talpilen z i realaxeln.

(b) $\text{Re}[z] = (z + \overline{z})/2$

(c) $\text{Im}[z] = (z - \overline{z})/2i$

Beviset består av några små algebraiska härledningar:

(a) Låt $z = a+bi$. Med definitionerna av konjugat och absolutbelopp samt strukturspecifikationen för $\mathbb{C}$ får vi att:

$$z\overline{z} = (a + bi)(a - bi) = a^2 - abi + bia - b^2i^2 = a^2 + b^2 = |z|^2$$

(b) Utveckling av högerledet ger:

$$(z + \overline{z})/2 = (a + bi + a - bi)/2 = 2a/2 = a$$

(c) Visas analogt med (b).

□

Till batteriet av räknelagar lägger vi också dessa två:

[5] *Låt* z_1 *och* z_2 *vara komplexa tal. Då är*

(d) $\overline{z_1 + z_2} = \overline{z_1} + \overline{z_2}$

(e) $\overline{z_1 z_2} = \overline{z_1} \cdot \overline{z_2}$

Härledning:

(d) Beviset är rakt på sak:

$$\begin{aligned}\overline{z_1 + z_2} &= \big[(a+c) + (b+d)i\big]^* \\ &= (a+c) - (b+d)i \\ &= a - bi + c - di \\ &= \overline{z_1} + \overline{z_2}\end{aligned}$$

(e) Här gör vi en finurlig omskrivning i fjärde steget av härledningen:

$$\begin{aligned}\overline{z_1 z_2} &= \big[(ac - bd) + (ad + bc)i\big]^* \\ &= (ac - bd) - (ad + bc)i \\ &= ac - bd - adi - bci \\ &= a(c - di) - bi(c - di) \\ &= (a - bi)(c - di) \\ &= \overline{z_1} \cdot \overline{z_2}\end{aligned}$$

□

Med batteriet av räknelagar för konjugatet på plats blir *beviset för satsen om produktens absolutbelopp* kort:

Kvadrerar vi absolutbeloppet av produkten får vi:

$$\begin{aligned}|z_1 z_2|^2 &= z_1 z_2 \cdot \overline{z_1 z_2} \\ &= z_1 z_2 \overline{z_1}\ \overline{z_2} \\ &= z_1 \overline{z_1} \cdot z_2 \overline{z_2} \\ &= |z_1|^2 |z_2|^2\end{aligned}$$

Eftersom absolutbeloppen alltid är icke–negativa reella tal följer att $|z_1 z_2| = |z_1||z_2|$, vilket skulle bevisas.

□

1.8 Triangelolikheten

För summan av de två komplexa talen får vi dock ingen likhet, men istället **triangelolikheten** (som gäller för alla geometriska vektorer och generellt för en viss typ av linjära rum):

[6] *Låt z_1 och z_2 vara komplexa tal. Då är*

$$|z_1 + z_2| \leq |z_1| + |z_2|$$

Ett förklarande geometriskt resonemang till sambandet går såhär:

1. Vid betraktelsen av tre komplexa tal, talpilar, vektorer z_1, z_2 och z_1+z_2 urskiljer vi två möjliga fall: antingen bildar de tre en triangel eller så ligger de i linje.

2a. Om de ligger i linje så är det möjligt att $|z_1+z_2| = |z_1|+|z_2|$; däremot kan beloppet av summan aldrig vara större än summan av respektive belopp. Alltså är olikheten satisfierad i detta fall.

2b. Antag att de tre vektorerna bildar en triangel. I varje triangel är längden av en sida alltid strikt mindre än summan av de två övriga sidornas längder. Alltså är längden av z_1+z_2 strikt mindre än summan av beloppen $|z_1|$ och $|z_2|$. Även i detta fall är olikheten uppfylld.

□

Ett algebraiskt bevis baserat på batteriet av räknelagar för konjugat och absolutbelopp finns i kommentarskapitlet.

1.9 Division med komplexa tal

Definitionen av operationen division med komplexa tal har precis samma form som för rationella och reella tal: Låt z_1 och z_2 vara komplexa tal. Då är **kvoten** mellan **täljaren** z_1 och **nämnaren** z_2 det komplexa tal w som är sådant att

$$wz_2 = z_1$$

(vilket på grund av kommutativiteten är ekvivalent med $z_2 w = z_1$). Kvoten skrivs på sedvanligt sätt

$$z_1/z_2 \text{ eller } \frac{z_1}{z_2}$$

Det vill säga, w är det komplexa tal som löser den för divisionen z_1/z_2 definierande ekvationen. I det fall ekvationen saknar lösning eller lösningen inte är entydigt bestämd, lämnas kvoten odefinierad. Även för de komplexa talen visar det sig att dessa möjligheter endast inträder när $z_2 = 0$; liksom vanligt är alltså division med noll odefinierad.

Låt oss se hur man kan bestämma kvoten för två givna komplexa tal.

Fall I. Om z_2 är ett reellt tal $a_2 \neq 0$ (så att $\text{Im}[z_2] = 0$), så är det rakt på sak. Uttrycket

$$w = \frac{a_1}{a_2} + \frac{b_1}{a_2} i \quad (*)$$

är i så fall den entydiga lösningen till kvotens definierande ekvation.

1. För att inse detta, låt $w = x + yi$. Då gäller att

$$\begin{aligned} a_2 w = z_1 &\iff a_2 x + a_2 y i = a_1 + b_1 i \\ &\iff a_2 x = a_1 \wedge a_2 y = b_1 \\ &\iff x = a_1/a_2 \wedge y = b_1/a_2 \end{aligned}$$

vilket visar påståendet.

Fall II. Det generella fallet $z_2 \in \mathbb{C}, z_2 \neq 0$ kan återföras på det nyss avklarade fallet med ett reellt tal i nämnaren, med utnyttjande av batteriet av räknelagar för konjugatet. I det allmänna fallet förlänger vi täljare och nämnare med konjugatet till nämnaren, och sätter

$$w = \frac{z_1 \overline{z_2}}{z_2 \overline{z_2}} \quad (**)$$

Enligt sats [5(a)] är nämnaren $z_2\overline{z_2} = |z_2|^2$, under den givna förutsättningen ett reellt tal > 0. Det förlängda uttrycket w kan alltså beräknas enligt fall I, och visar sig vara den entydiga lösningen till den definierande ekvationen för z_1/z_2:

2. Till att börja med visar vi att (**) faktiskt är en lösning till den definierande ekvationen. Låt w vara som i (**). Multiplikation med z_2 från höger ger:

$$w z_2 = \frac{z_1 \overline{z_2}}{z_2 \overline{z_2}} z_2 = \frac{(z_1 \overline{z_2}) z_2}{z_2 \overline{z_2}} = \frac{z_1 (\overline{z_2} z_2)}{z_2 \overline{z_2}} = z_1$$

Detta visar att vi har funnit åtminstone en lösning.

3. För att även visa lösningens entydighet, antag att $w' z_2 = z_1$, för något $w' \in \mathbb{C}$. Multiplikation med konjugatet till z_2 från höger ger

$$w' z_2 \overline{z_2} = z_1 \overline{z_2}$$

Faktorn $z_2 \overline{z_2} = |z_2|^2$ är ett positivt reellt tal och enligt fall I är därför

$$w' = \frac{z_1 \overline{z_2}}{z_2 \overline{z_2}} = w$$

Beviset är klart.

Sammanfattningsvis har vi en **divisionsmetod för de komplexa talen**:

[7] *Låt z_1 och $z_2 \neq 0$ vara komplexa tal.*

(I) *Om z_2 är ett reellt tal, så kan kvoten z_1/z_2 beräknas genom att dividera realdelen och imaginärdelen av z_1 var för sig med z_2, så som i (*).*

(II) *Generellt kan kvoten bestämmas genom att förlänga täljare och nämnare med nämnarens konjugat, så som i (**), och sedan återföra beräkningen på fall I.*

Exempel på metodens användning:

Exempel 7. Beräkna kvoten: (a) mellan $3 + 5i$ och 10 (b) mellan $3 + 5i$ och $1 + 8i$.

Lösning: (a) Nämnaren är ett reellt tal och sats [7:I] ger

$$z_1/z_2 = 3/10 + (5/10)i = 0.3 + 0.5i$$

(b) Divisionsmetod (II) i sats [7] ger

$$\begin{aligned} \frac{z_1}{z_2} &= \frac{z_1\overline{z_2}}{z_2\overline{z_2}} = \frac{(3+5i)(1-8i)}{|z_2|^2} = \frac{3 - 24i + 5i + 40}{1^2 + 8^2} \\ &= \frac{43 - 19i}{65} = \frac{43}{65} - \frac{19}{65}i \approx 0.66 - 0.29i \end{aligned}$$

□

Liknande räknelagar gäller för division som för multiplikation med komplexa tal:

[8] *Låt z_1 och $z_2 \neq 0$ vara komplexa tal. Då är*

(a) $\overline{z_1/z_2} = \overline{z_1}/\overline{z_2}$

(b) $|z_1/z_2| = |z_1|/|z_2|$

(c) $\arg(z_1/z_2) = \arg(z_1) - \arg(z_2)$

Vi bevisar [8:a]:

Om vi sätter $w = z_1/z_2$ gäller:

$$\begin{aligned} wz_2 = z_1 &\iff \\ \overline{wz_2} = \overline{z_1} &\iff \\ \overline{w} \cdot \overline{z_2} = \overline{z_1} &\iff \\ \overline{w} = \overline{z_1}/\overline{z_2} & \end{aligned}$$

Vilket skulle bevisas.

□

Sambanden [8:b] och [8:c] visas analogt, med hänvisning till motsvarande resultat för multiplikation.

2 Kommentarer

2.1 Algebraiskt bevis för triangelolikheten

1. Med hjälp av batteriet av räknelagar för konjugat och absolutbelopp får vi:

$$\begin{aligned}
|z_1 + z_2|^2 &= (z_1 + z_2)(\overline{z_1 + z_2}) \\
&= (z_1 + z_2)(\overline{z_1} + \overline{z_2}) \\
&= z_1\overline{z_1} + z_1\overline{z_2} + z_2\overline{z_1} + z_2\overline{z_2} \\
&= |z_1|^2 + z_1\overline{z_2} + \overline{z_1}\overline{z_2^*} + |z_2|^2 \\
&= |z_1|^2 + z_1\overline{z_2} + \overline{z_1\overline{z_2}} + |z_2|^2 \\
&= |z_1|^2 + 2\mathrm{Re}(z_1\overline{z_2}) + |z_2|^2 \\
&\leq |z_1|^2 + 2|z_1\overline{z_2}| + |z_2|^2 \\
&= |z_1|^2 + 2|z_1||\overline{z_1}| + |z_2|^2 \\
&= |z_1|^2 + 2|z_1||z_2| + |z_2|^2 \\
&= (|z_1| + |z_2|)^2
\end{aligned}$$

2. Kedjan av omskrivningar och olikheten i punkt (1) sammanfattas

$$|z_1 + z_2|^2 \leq (|z_1| + |z_2|)^2$$

Eftersom absolutbeloppet alltid är ett icke–negativt reellt tal följer ur denna olikhet att $|z_1 + z_2| \leq |z_1| + |z_2|$, vilket skulle bevisas.

2.2 Logiska reflektioner: Strukturspecifikationen och konstruktionen av $\mathbb{C}$

I avsnitt 1.5 ventilerade vi en frågeställning som kunde formuleras såhär:

Fråga 1: ”Hur kan man vara säker på att det här sättet att uppfinna ’komplexa tal’, genom att liksom hux flux introducera en symbol i

enligt några regler, verkligen kommer att ge ett i praktiken fungerande matematiskt system?"

Denna fråga har vi redan i någon utsträckning berört i artikelns föregående avsnitt.

Det finns åtminstone två, kanske flera, sätt att tolka och precisera den här frågeställningen; att tolka innebörden av orden "i praktiken fungerande matematiskt system".

En innebörd någon kunde lägga i frågan vore den här:

Precisering 1(a): Vilken nytta gör det att införa komplexa tal? — På vilket sätt underlättar det lösningen av matematiska problem, som från början var ställda utan de komplexa talen? Vilka tillämpningar finns det av komplexa tal inom fysik, kemi, elektronik, programmering, med mera?

Detta är på sätt och vis kanske den mest naturliga tolkningen av fråga 1, en primär innebörd man kunde vilja lägga i orden "praktiskt fungerande matematiskt system". Ett annat sätt att tolka frågan vore enligt

Precisering 1(b): Hur kan man vara säker på att de komplexa talen existerar? — Eller att de i någon mening åtminstone kan *konstrueras* —- det vill säga, utan att bara införa en symbol och säga abrakadabra, jag döper dig till?

Som vi anmärkte redan i början av den här texten tror jag man tenderar att vara mer bekväm med tanken att de komplexa talen är någonting vi i matematiken *uppfinner*, såsom med en teknisk anordning, utan att vi samtidigt skulle förvänta oss att dessa tal existerar i någon ontologisk mening före det att vi börja tala om dem och räkna med dem. Till skillnad från geometrin och de mest grundläggande talbegreppen har man kanske inte samma förväntningar på att vara så att säga kosmiska urformer oberoende av det matematiska språket och tänkandet. Detta är, som sagt, inte att hävda att komplexa tal inte kan vara kosmiska urformer, utan att samma förförståelse som för de reella taltyperna inte finns.

Ett av de viktigaste sätten man inom matematikvetenskapen och logiken skulle uppfatta frågan om det komplexa talets existens är som en fråga om strukturspecifikationens *motsägelsefrihet (konsistens)* och *modellerbarhet*. Ordet modell ska fattas i betydelsen *uppfyllelse av strukturspecifikation*, och inte i betydelsen tillämpning av matematiken. Motsägelsefrihet och modellerbarhet utgör förvisso två skilda begrepp inom logiken, men de hänger mycket intimt samman med varandra. Bland annat är modellerbarhet, tänker man sig, ett bevis för motsägelsefrihet. Detta innebär att bevis för motsägelsefrihet just oftast består i att *visa modellerbarhet*, det vill säga *konstruera en modell som (i) uppfattas som i sig oproblematisk och (ii) uppfyller strukturspecifikationen.*

I synnerhet tänker matematikerna för det mesta som så att om en strukturspecifikation — typiskt någon sorts struktur på mängder — kan ges en modell byggd på mängden av reella tal, så är den motsägelsefri. Möjligheten att modellera utifrån $\mathbb{R}$ uppfattas som garanti för existens/konsistens, eftersom 'vi sätter vår tillit' till klassisk matematik. En modell utifrån mängden $\mathbb{R}$ (eller åtminstone $\mathbb{Q}$) uppfattas som oproblematisk. Om det finns en modell för specifikationen så kan objekten sägas 'existera' — ungefär så resonerar man.

Som nämndes i centraltexten går det att uppfatta ett komplext tal som ett ordnat par av reella tal, och operationerna $+$ och $\cdot$ för komplexa tal som operationer på ordnade par. De resonemang som förde oss fram till de allmänna formlerna för addition och multiplikation med komplexa tal, ger oss en ledtråd till hur vi kunde *definiera* två binära operationer på mängden $\mathbb{R}^2$ av ordnade par:

$$
\begin{aligned}
(a,b) \oplus (c,d) &=_{\mathsf{def}} (a+c, b+d) \\
(a,b) \otimes (c,d) &=_{\mathsf{def}} (ac-bd, ad+bc)
\end{aligned}
$$

Operationen $\oplus$ kallar vi *addition i de komplexa talen* och $\otimes$ för *multiplikation i de komplexa talen*. Både $\oplus$ och $\otimes$ är helt enkelt funktioner, som tar par av ordnade par av reella tal som indata och returnerar ett ordnat par som utdata. Speciellt ser vi att $(0,1) \otimes (0,1) = (1,0)$, vilket leder oss till att identifiera i med paret $(0,1)$ och talet 1 med $(1,0)$. Man kan säga: ”Vi sätter $i = (0,1)$ och $1 = (1,0)$.” Dessutom sätter vi $a = (a,0)$ för varje reellt tal a, vilket innebär att $\mathbb{R}$ identifieras med den cartesiska produkten $\mathbb{R} \times \{0\}$, och genom strukturidentifikation blir $\mathbb{R} \subset \mathbb{C}$.

Det är sedan en rutinsak, som matematiker kunde säga, att visa att dessa operationer uppfyller alla de egenskaper som vi önskade oss att de reella talen utökade med i skulle uppfylla. Exempelvis ser vi att operationens $\otimes$ kommutativitet följer omedelbart av att multiplikation med reella tal är kommutativ:

$$\begin{aligned}(a,b) \otimes (c,d) &= (ac - bd, ad + bc) = (ca - db, cb + da) \\ &= (c,d) \otimes (a,b)\end{aligned}$$

För det ordnade paret (a,b) ser vi att

$$(a,b) = (a,0) \oplus [(b,0) \otimes (0,1)]$$

Under synvinkeln komplext tal får alltså det ordnade paret (a,b) av reella tal skrivas på den normala formen $a + bi$ (en del föredrar att skriva $a + ib$).

— Vad vi härmed har gjort är ingenting mindre än att ha *konstruerat en modell* i $\mathbb{R}^2$ för strukturspecifikationen av $\mathbb{C}$. I matematikvetenskapen utgör strukturen $\mathbb{C} = \langle \mathbb{R}^2, \oplus, \otimes \rangle$ den tekniska definitionen av **det komplexa talsystemet**. Men anledningen till att denna just kallas för 'de komplexa talen' är att mängden av ordnade par av reella tal, med binära operationer definierande just si och så, satisfierar vissa av de krav man ställde på aritmetiken utvidgad med komplexa tal. Dessa krav utgör innehållet i strukturspecifikationen [1] i centraltextens första avsnitt.

Vi kan göra innehållet i den mer explicit genom en tillfällig:

Definition. Vi säger att en struktur $\langle \mathbf{K}, +, \times \rangle$ är ett **C–system** om följande specifikationer är uppfyllda:

S1. $\mathbf{K}$ bildar en kropp.

S2. $\mathbb{R}$ är en delkropp av $\mathbf{K}$, det vill säga, $\mathbb{R} \subset \mathbf{K}$ (eventuellt genom isomorfi) och operationerna $+$ och $\times$ inskränkta till $\mathbb{R}$ sammanfaller med de vanliga operationerna addition och multiplikation med reella tal.

S3. $\mathbf{K}$ innehåller minst ett objekt ρ för vilket gäller att $\rho \times \rho = \rho^2 = -1$ (där $-1 \in \mathbb{R}$). Villkoret kan också formuleras: ekvationen $x^2 + 1 = 0$ är lösbar i $\mathbf{K}$.

S4. Om $x \in \mathbf{K}$, så finns $a, b \in \mathbb{R}$, sådana att $x = a + b\rho$. Det vill säga, varje element i $\mathbf{K}$ kan uttryckas som en summa av en realdel och en imaginärdel.

□

Som vi just (delvis) har bevisat uppfyller strukturen $\mathbb{C}$ specifikationen (S1)–(S4) för ett C–system.

Resonemanget så långt leder oss fram till en annan typisk frågeställning som i matematiken och logiken dyker upp i anslutning till strukturspecifikationer, axiomsystem och definitioner:

Fråga 2: *Finns det, i allt väsentligt, bara ett C–system?* — Eller kan det finnas fler 'komplexa talsystem' än $\mathbb{C}$, där det ena har vissa algebraiska egenskaper som det andra inte har (till exempel att en viss ekvation är lösbar i det ena men inte i det andra systemet)?

Det korta svaret på den frågan är att det inte finns några fler. Alla modeller som satisfierar specifikationen C–system är isomorfa.[5] *Isomorfi* innebär i princip att givet två modeller så kan man få den ena ur den andra genom *omdöpning* av objekten. Exempelvis så är

[5]Exempel på en struktur som är isomorf med $\mathbb{C}$ är den så kallade kvotringen $\mathbb{R}[x]/\langle x^2+1 \rangle$, bestående av alla restklasser modulo principalidealet på polynomet x^2+1 i ringen $\mathbb{R}[x]$ av alla polynom i en variabel och med reella koefficienter.

strukturen $\langle \mathbb{R} \times \{0\}, \oplus, \otimes \rangle$ isomorf med $\langle \mathbb{R}, +, \times \rangle$, vilket framgår av omdöpningen

$$\begin{cases} (a,0) & \longrightarrow & a \\ \oplus & \longrightarrow & + \\ \otimes & \longrightarrow & \times \end{cases}$$

Ett formellt axiomsystem, alltså en lista av strukturspecifikationer, som dels har minst en modell och dels har egenskapen att alla dess modeller är isomorfa, säges vara **kategorisk**. Att finna en beskrivning av en viss sorts matematiskt objekt i formen av ett kategoriskt axiomsystem kallas inom abstrakt algebra, topologi och matematisk logik för att *karakterisera* objektet. Exempelvis så kan det reella talsystemet algebraiskt karakteriseras som en *fullständig ordnad kropp*; samtliga kroppar av den typen är isomorfa.

En viss sorts matematiskt objekt kan ofta karakteriseras på flera olika sätt. Vad vi har lagt fram som en lista med axiom för $\mathbb{C}$ är ett av flera sätt att karakterisera de komplexa talen. Andra sätt förutsätter något mer kunskaper i abstrakt algebra och topologi.

2.3 Historisk fördjupning

Från början dyker uttryck för kvadratroten ur negativa tal upp under renässansen och denna tids algebraiska studier av ekvationer av 2:a, 3:e och 4:e graden. Man såg att det underlättade en del av de formella manipulationerna med de algebraiska uttrycksformerna för lösningen till vissa ekvationer, även om man inte riktigt kunde ge någon innebörd till uttryck som '$\sqrt{-1}$'. Descartes talade om dem som ”imaginära tal”, blott fantiserade tal.

Liksom med de ”negativa” talen förhöll sig många matematiker ytterst tveksamma inför dessa gåtfulla ”imaginära” tal. Trots det utnyttjades de flitigt i analysen och algebran under 1700–talet, av Euler och andra matematiker (detta var innan den geometriska tolkningen av dem).

De gav resultat och underlättade beräkningar, och det tyckte man då var tillräckligt. Euler insåg också att man kan upprätta en koppling mellan exponentialfunktionen e^x och de trigonometriska funktionerna $\sin(x)$ och $\cos(x)$ genom de komplexa talen, vilket hänger samman med det som kallas *polär form* för komplexa tal och komplexa vågfunktioner i kvantmekaniken.

Idéen att man kunde tänka sig det komplexa talet som en punkt eller talpil i ett diagram med två koordinataxlar framläggs så sent som på 1800–talet av tre personer oberoende av varandra: den norske kartografen Caspar Wessel, den franske bokhandlaren och amatörmatematikern Jean Robert Argand och dessutom av C.F.Gauss, som helt enkelt identifierade det komplexa talet $a + bi$ med det ordnade paret (a, b). Denna tolkning eller representation av komplexa tal som punkter, talpilar i ett diagram med två reella koordinataxlar kallas också för *gaussdiagram*, som synonym till arganddiagram, och gjorde mycket för att få de komplexa talen att kännas mer naturliga.

Med Gauss gestaltas den komplexa analysen, studiet av komplexvärda funktioner av komplexa variabler. Han lägger fram det första korrekta beviset för det som numera kallas *algebrans fundamentalsats*:

[$\star$] *Alla polynom $p(x) = a_n x^n + \ldots + a_2 x^2 + a_1 x + a_0$ med reella eller komplexa koefficienter, har minst ett komplext nollställe. Ekvationen $p(x) = 0$ är således alltid lösbar i de komplexa talen. Polynomet kan dessutom skrivas som en produkt av a_n och n faktorer, som var och en har formen av ett monom $(x - \alpha_i)$, där α_i är ett nollställe till polynomet. Alltså:*

$$p(x) = a_n(x - \alpha_1)(x - \alpha_2)(x - \alpha_3)\ldots(x - \alpha_n)$$

Formuleringen och beviset för algebrans fundamentalsats förutsätter tillgång till någon form av aritmetik för komplexa tal, och Gauss framställning gjorde mycket för att få "motståndet" mot komplexa tal att ge vika.

Gauss själv skriver i något sammanhang, apropå dessa svårigheter många hade upplevt med dessa negativa och komplexa tal:

> Att det här temat [imaginära storheter] hitills har betraktats ur en felaktig synvinkel och omgärdats med ett mysteriskt dunkel, kan i stor utsträckning tillskrivas ett illa valt språkbruk. Om man exempelvis hade kallat $1, -1, \sqrt{-1}$ för direkt, invers och lateral enhet, istället för positiv, negativ respektive imaginär (eller till och med omöjlig), så hade den här formen av oklarhet aldrig kommit på tal.[6]

Det ligger förstås någonting träffande i det Gauss skriver, och hans ord reflekterar ett modernt sätt att tänka i matematiken (och fysiken), där man med lätthet och utan att blinka rör sig med alla möjliga slags symboliska konstruktioner.

Men det är inte självklart att Gauss har helt rätt i det att det slags svårigheter människor upplevde helt enkelt skulle kunna undanröjas genom att byta ut orden. Man bör nog inte vara för snabb med att acceptera någon enkel förklaring till de svårigheter man har tenderat att uppleva, ändå sedan matematiken i Europa började genomgå de mycket genomgripande förvandlingar som initieras med algebrans och analysens framträdande under sen medeltid, renässans och tiden för den naturvetenskapliga revolutionen. Det behöver inte bara ha handlat om notation, utan kan röra sig på en djupare mänsklig nivå. Den kan handla om vad man vill med ämnet, vad man har haft för krav eller förväntningar på matematiken och vetenskapen.

Ursprungligen infördes alltså de komplexa talen för att underlätta kalkylerna inom algebran och dess studie av algebraiska ekvationer och så småningom kalkylerna inom den matematiska analysen, alltså studiet av funktioner, derivator, integraler, med mera. Förutom att fungera som en anordning, verktyg för formuleringen av matematiska samband och lösningen av matematiska problem, har dessa komplexa tal som sagt otaliga tillämpningar inom fysiken, elektroniken, bild-

[6]Gauss citerad i David Burton, *The History of Mathematics: An Introduction*, 7th ed., s. 633. Min översättning från Burtons engelska.

hantering, programmering, med mera. De komplexa talen utgör så att säga själva bokstäverna i kvantfysiken. De tillstånd som atomer, partiklar och andra kvantmekaniska system kan befinna sig i representeras av komplexa tal. Den så kallade *Schrödingers tillståndsekvation* är en partiell differentialekvation i komplexvärda funktioner.

3 Lock/portar

Teorifrågor

F1. Inledning:

(a) Vad utmärker den imaginära enheten i?

(b) Vad utmärker rent imaginära tal, som gör att de skiljer sig från reella tal?

(c) Hur är ett komplext tal sammansatt av realdel och imaginärdel?

(d) Hur kan till exempel det komplexa talet $z = 2 + 3i$ representeras visuellt?

(e) Enligt vilken allmän reglering kan de fyra räknesätten med komplexa tal utföras?

F2. Hur ser den formella (matematikvetenskapliga) definitionen av 'de komplexa talen' ut?

F3. Redogör för begreppet och grundläggande räknelagar: (a) absolutbeloppet av ett komplext tal (b) konjugatet till ett komplext tal (c) argumentet för ett komplext tal

F4. Vad blir: (a) absolutbeloppet av produkten av två komplexa tal?

(b) argumentet för produkten av två komplexa tal?

F5. Hur kan man beräkna kvoten mellan två komplexa tal?

Problem

P1. Beräkna: (a) $\sqrt{-16}$ (b) $\sqrt{-20}$

P2. Låt $z_1 = 5 - i$ och $z_2 = 2 + 3i$. Bestäm: (a) $\text{Re}[z]$ (b) $\text{Im}[w]$ (c) $\overline{z}$ (d) $|z|$ (e) $z_1 + z_2$ (f) $z_1 - z_2$ (g) $z_1 z_2$ (h) z_1/z_2

P3. Låt $z_1 = 6 + 7i$ och $z_2 = 5 - 2i$. Beräkna och rita ett arganddiagram för: (a) $z_1 + z_2$ (b) $z_1 z_2$ (c) $\overline{z_1/z_2}$

P4. Beräkna utdata till funktionen $f(z) = z^2 + (3-i)z + (5-3i)$ för indata: (a) $z = 5$ (b) $z = i$ (c) $z = 2 - 4i$

P5. Låt $z_1 = 1 + 2i$ och $z_2 = 3 - 4i$. Beräkna och rita arganddiagram för:
(a) $\overline{z_1 z_2}$ (b) $|z_1 z_2|$ (c) $\overline{z_2/z_1}$

P6. Beräkna

$$\left|\frac{(3-2i)(2+5i)}{(1-6i)}\right|$$

Allmänna ord om den holistiska framställningsformen för matematiken

Appendix A

1 Studien *Den första matematiken*: syfte och innehåll

Artikelsamlingen och böckerna om "Den första matematiken" behandlar den grundläggande matematiken, dess begrepp, principer och samband.

Med avseende på matematiskt innehåll går vi, i viss mening, inte mycket bortom vad som brukar läras ut i samtida skandinavisk grundskola samt inledande kurser för gymnasiet. Såvitt jag vet gäller det sagda således även grundläggande matematikundervisning i flertalet länder globalt sett. Skillnaden består i att vi intar ett teoretiskt eller filosofiskt fågelperspektiv på ämnets grundkunskaper, av ett slag som normalt inte uppnås när man tillägnar sig grunderna i matematik som nybörjare. Detta är ett tillägnande som görs dels genom att man helt enkelt växer in i sitt modersmål, genom olika sorters övningar i skolan eller genom barnets egen spontana inifrån kommande lek och intresse.

Man kan säga att målet med artikelsamlingen är att ge *en klargörande teoretisk/vetenskaplig översikt på det valda temat*: i det här fallet våra grundkunskaper i modern matematik, sådan den faktiskt förs vidare (traderas) och används i skola, samhälle, ekonomi, teknik och naturvetenskap och andra fackvetenskapliga sammanhang.

Jag har valt att dela upp hela artikelsamlingen i några olika **portföljer** av artiklar:

I. *Grundläggande euklidisk geometri (syntetisk)*

II. *Talteori och diskret matematik*

III. *Elementär aritmetik och algebra*

IV. *Analytisk geometri och algebrans fortsättning*

V. *Allmänna dokument*

Tillsammans täcker dessa väsentliga portioner av den klassiska matematikens traditionella områden — klassisk euklidisk geometri, talteori, aritmetik och (elementär) algebra, men också en nyare matematiks perspektiv på elementär matematik (den abstrakta algebrans perspektiv till exempel).

Det förekommer en del upprepningar av innehåll om man jämför olika artiklar inbördes. Detta har två anledningar. Den ena är helt enkelt att det förstärker effekten av genomgången. Men den viktigare anledningen är att varje artikel kan betraktas som en liten självständig genomgång av någon bit av matematiken som färdighet, praktik och vetenskap. Det är som att vi med en liten strålkastare eller ett ljus så att säga lyser upp en viss kalott av den matematiska globen; och liksom varje försök att avbilda en sfär genom plana (2–dimensionella) projektioner resulterar i viss överlappning av koordinater, så sker viss överlappning av tematiskt innehåll.

2 En holistisk layout och framställningsform

Portföljerna som helhet och dess enskilda artiklar är skrivna med en speciell metod som jag valt att kalla för **den holistiska layouten och framställningsformen** för matematikämnet.[1] Artiklar skrivna med denna layout och framställningsform kan vi kalla **holistiska artiklar** i matematik. Det finns några för denna layout och form allmänt utmärkande drag, vilka redogörs för i följande delavsnitt.

2.1 Artiklarnas övergripande struktur

Samtliga artiklar har följande övergripande struktur:

(1) **Abstract** — Här sammanfattas artikelns innehåll på några få rader.

(2) **Kärninnehåll** — Rymmer artikelns centrala innehåll, kan även kallas för **artikelkärnan**.

(3) **Kommentarer** — Innehåller matematiskt, historiskt, logiskt eller filosofiskt fördjupande kommentarer till något av de innehåll som behandlas i artikelkärnan.

(4) **Lock/portar** — Innehåller dels **teorifrågor** och dels ett urval av **övningsproblem**, syftande till egen kunskapskontroll, för att befästa minnet och reflektera vidare kring begreppsbildningen.

[1]Ett annat namn som dök upp för min tanke var ”den rhizomatiska layouten”, inspirerat av *rhizomet* som en, ganska vanlig, metafor eller liknelse för nätverksliknande strukturer utan något klart definierat centrum eller början och med ett myller av olika skikt och funktioner inom sig (liknelsen kan härledas till den franske filosofen Gilles Deleuze' och psykoterapeuten Felix Guattaris skrift *Tusen platåer*). Jämförelser görs till exempel mellan biologiska rhizom och kulturer som helhet eller med en modern teknisk företeelse såsom internet. Av olika anledningar valde jag dock bort det förslaget till förmån för det som nu används. Termen 'holistisk' är inte heller idealisk, då det finns så många olika definitioner och associationer till den termen, men den inbegriper och associeras med tillräckligt många för mina syften träffande motiv.

"Lock/portar" kan uppfattas som ett litet eget dokument med ett genomtänkt och strukturerat urval av frågor, problem eller uppgifter (ett slags "Structured Query Document"). Metaforen "lock" passar till det att man genom frågorna just begränsar och ger ett slags lämplig inramning av ett visst ämne eller kunskapsmoment. Metaforen "portar" påminner en om att frågorna och problemen inte bara är en avgränsning, utan vad man behöver kunna ta sig igenom på vägen till större kunskap. Till locket/portarna hör också möjliga svar på frågorna eller lösningar till problemen. En viss uppsättning svar och lösningar ger vad vi kunde kalla för en **burk/nycklar**.[2]

2.2 Problem och exempel

Exempel (exempelproblem) lyfts fram i texten genom en inledande rubrik "**Exempel.**" alternativt "**Problem.**" i fetstil. En eventuell lösning inleds med rubrik "**Lösning:**". Exempel och ibland resonemang avslutas i texten med kvadrattecken "□". Det är ganska vanligt att kvadrattecken i matematiklitteraturen även används som sluttecken för bevis.

Ett exempel på hur det kan se ut i artiklarna:

Problem 1. A. ska laga mat till en middag för tio personer, och använder sig av följande recept:

[2]Här behöver tilläggas att locket/portarna inte ersätter behovet av fylligare övningssamlingar i matematik och besläktade ämnen. Att lära sig matematik är framförallt allt annat varierad övning och problemlösning. Det är det "arbete" som krävs. Det är ofta värdefullt — eller nödvändigt för en del studenter — att göra många övningar, ibland med relativt liten variation på ett tema eller moment, för färdigheten och förståelsen samt upplevelsen av skicklighet och förtrogenhet att infinna sig. Hur mycket och i vilken utsträckning man behöver öva på ett visst moment är dock högst individuellt, skulle jag säga. Det är svårt att helt utan vidare spika upp en lång lista med övningsproblem som alla "ska göra" (vad nu det betyder). Men man kan sätta upp en mindre lista med *för momentet typiska, karakteristiska problem* som man rimligtvis "måste" kunna lösa för att alls behärska området. Det är alltså något som närmar sig *en logisk–begreppslig* kriteriespecifikation: det vi här kallar "lock/portar".

Linssoppa (4 pers)

1 gul lök

2 stora morötter

10 dl grönsaksbuljong

1 burk kokosmjölk (à 400 g)

2 dl röda linser

1 msk olivolja

2 tsk paprikapulver

1 tsk spiskummin

1 tsk gurkmeja

1 vitlöksklyfta

1 msk citron alt. 1/2 msk vinäger

1 tsk kokossocker

salt och peppar

Hur många gånger måste A. beräkna måttet för varje ingrediens?

Lösning: Receptet är beräknat för 4 personer. Den fråga vars besvarande löser problemet är: "Hur många gånger går 4 i 10?" Det lämpliga räknesättet är division: $10/4 = 2{,}5$. A behöver alltså multiplicera måttet för varje ingrediens med faktorn 2,5 åtminstone. □

2.3 Display

För att understryka och lyfta fram något eller några stycken matematiska samband, allmänna regler för eller anmärkningar om matematikämnet kommer vi ibland att göra det genom att sätta dem på vad vi här kallar för **display**. Man kunde också kalla det för att sätta dem på *podium*, eller i *belysning* eller *highlight*.

Display är en av de typiska metoderna i den holistiska layouten. Att sätta på display gör vi då genom att lyfta ut en eller några få meningar ur resten av texten, precis så som när man citerar längre stycken i alla andra sorters vetenskapliga (akademiska) texter. Dessutom är det vanligt att kursivera de meningar som sätts på display. Om man så finner lämpligt kan man också på displayen häfta en etikett eller ett serienummer inom hakparenteser i fetstil.

Såhär skulle det kunna se ut:

[*] *Summan av fem och sju är lika mycket som tolv av en given enhet. Med matematisk notation:*

$$5 + 7 = 12$$

Nu tog jag det här påståendet som exempel bara för att illustrera layouten. Vi sätter normalt inte såhär små specialfall av matematiska samband på display. Det skulle bli alldeles för omständligt och rörigt i texten, men gör det vanligen med mer generella matematiska regler, mönster, samband eller kopplingar, såsom centrala definitioner och teorem. Eller, när det helt enkelt gör saker och ting klarare och mer överskådligt. Som ett mer "verklighetstroget" exempel kan vi ta **Pythagoras sats** (i sin ena implikation):

[1] *Om en plan triangel är rätvinklig, så täcker kvadraten på dess längsta sida (hypotenusan) ett precis lika stort område som de två kortare sidornas (kateternas) kvadrater tillsammans.*

Display som en metod att i text återge eller påminna om olika matematiska samband har jag sett förekomma i den matematikhistoriska litteraturen.[3]

2.4 Bevis och andra typer av förklarande resonemang

En annan utmärkande egenskap för den holistiska layouten är att *bevis och andra typer av förklarande resonemang lyfts fram och ut ur texten med lite mindre typstorlek* än den övriga och omgivande texten. Detta då precis som med längre citat i akademiska uppsatser generellt. För

[3] Se till exempel Bo Göran Johanssons bok *Matematikens historia* (Studentlitteratur 2004).

det mesta används ingen annan speciell "proof"–omgivning. Resonemanget kan avslutas på olika sätt, inte sällan med det traditionella "Beviset är klart", "Q.E.D.", etcetera eller med □.

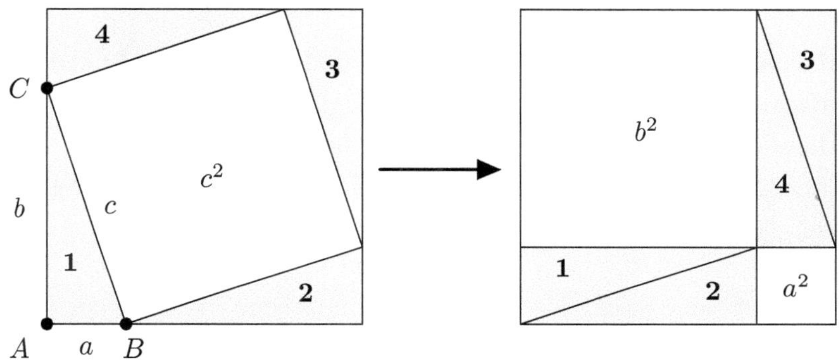

Figur 1: Illustration till ett välkänt resonemang som ger en förklaring till/visuellt bevis för Pythagoras sats (i implikationen åt ena hållet).

Låt oss för illustration titta på en vanlig sorts förklaring till Pythagoras (direkta) sats, ett visuellt bevis av typen klipp–och–klistra:

1. Låt en rätvinklig triangel ABC vara given, med den räta vinkeln $\angle BAC$.
2. Rita kvadraten BC^2 (lika med c^2 i figuren) på den rätvinkliga triangelns hypotenusa BC. Lägg sedan tre kopior av den rätvinkliga triangeln utmed kvadraten så att man får en ännu större kvadrat, såsom visas i figur 1.
3. Detta ger liksom ett *pussell* i vilket man kan flytta omkring fyra likadana rätvinkliga trianglar, som vi betecknar $1, 2, 3, 4$. Dessa trianglar arrangeras om på det sätt som visas i figur 1, så att 1 och 2 respektive 3 och 4 hamnar intill varandra.
4. Av figuren framgår att den kvadrat som står på hypotenusan BC i den rätvinkliga triangeln täcker ett precis lika stort område som de två kvadraterna AB^2 $(= a^2)$ och AC^2 $(= b^2)$ på triangelns respektive kateter AB och AC tillsammans. (Det totala området *utanför* de fyra rätvinkliga trianglarna blir inte större eller mindre, endast därför att man flyttar omkring trianglarna inuti pusslet.)

Resonemanget ger en förklaring till det allmänna mönstret.

2.5 Verbala transformationer av notationen. Dubbelpilen $\rightleftarrows$

I artiklarna används ganska ofta något vi kunde kalla **verbala transformationer** av notationen, som visar olika sätt att i det talade språket utläsa en viss bit syntatiskt korrekt sammansatt notation. För detta ändamål inför vi **dubbelpilsnotationen** $\rightleftarrows$. Ett pedagogiskt exempel:

$5 \cdot 7 = 35$

$\rightleftarrows$

Fem gånger sju är trettiofem

Fem gånger sju är lika med trettiofem

Sju taget fem gånger är trettiofem

Fem gånger sju är lika mycket som trettiofem enheter

Sju enheter taget fem gånger är precis lika mycket som trettiofem enheter

Och så vidare.

Värdet av att i undervisning (eller som här, den undervisande framställningen) av matematik tydligt *uppvisa anknytningen mellan den matematiska notationen respektive det verbala språket*, vilket är det talade språket och vår vanliga *alfabetiska skrift* (som vi använder för att skriva alla andra sorters texter, romaner, tidningsartiklar, brev, avhandlingar i humaniora, och så vidare) har framförts och undersökts i en del samtida matematikdidaktisk forskning och diskussion.[4]

[4]Exempel: Lars Mouwitz doktorsavhandling *Matematik som bildning* (Dialoger, Tyskland 2010) och några TEMA–nummer av tidskriften Nämnaren: *Algebra för alla* (NCM 2005), *Matematik — ett kommunikationsämne* (NCM 2008) samt *Matematik — ett kärnämne* (NCM 2003).

2.6 Kommentarsavsnittet

De flesta av artiklarna har ett avsnitt eller kapitel med rubriken "Kommentarer". Tanken med detta är att erbjuda den intresserade eller drivne studenten möjligheten av ytterligare fördjupning i och reflektion över begreppsbildningen, problemställningarna, bevisen, med mera.

Kommentarsavsnittet har ofta underavsnitt, med rubriker i stil med "Matematisk fördjupning", "Matematikhistorisk fördjupning" eller "Logiska och filosofiska reflektioner", vilka antyder något om karaktären av det innehåll läsaren kan förvänta sig.

3 Varför denna framställningsform?

Det finns både didaktiska och filosofiska syften med att jag valt en annan layout och framställningsform i behandlingen av grundläggande matematik (*prima mathematica*) än den *axiomatisk–deduktiva layout och framställningsform* som är vanlig eller dominerande i akademiska texter i matematik, såsom högre läroböcker, doktorsavhandlingar och forskningsrapporter.

Den typiska layouten och framställningsformen kan ibland vara något av ett hinder för att nå klarhet kring och organisera sina frågor kring matematiken som student eller lärare. Naturligtvis har begreppen axiom, definition, sats/teorem och bevis samt axiomatisk metodik sin roll och plats i matematiken, i synnerhet högre och mer abstrakt matematik (såsom abstrakt algebra och topologi). Men ibland, och speciellt när det handlar om den mest grundläggande matematiken, tror jag föreställningar om eller förväntningar på matematiken som en "axiomatisk–deduktiv vetenskap" sammanhållen av formell–matematisk logik faktiskt kan bli till en sorts "fördom", en "förförståelse", som låser tänkandet i onödan och lägger käppar i hjulen.

Den metod som vi här kallar display förekommer också i texter om matematikens historia. Den sorts reflektioner som ämnet matematikens historia öppnar upp för tror åtminstone jag ofta är användbara även i den filosofiska och didaktiska reflektionen över matematiken. Genom att utnyttja en helt annan layout och framställningsform kan det slunga tänkandet kring matematiken ut ur förväntningar eller invanda banor, som gör det lättare att se med klarhet. Det är lite som att vi "vänder ut och in" på sättet att framlägga matematiska teorem och bevis i den axiomatisk–deduktiva layouten.

Man kunde säga att artikelsamlingen är resultatet av en reflektion över frågan om var gränsen/gränserna går mellan *en undervisande logisk–teoretisk matematisk framställning* — "Vad skulle någonting analogt med Euklides *Elementa* kunna vara i dagsläget?" och så vidare — kontra en egentligen *filosofisk* behandling av problemkomplexet *Vad är matematikens grunder?* Den är född ur dels mitt arbete med matematikundervisning och att genomgå teoretisk och praktisk lärarutbildning, men också delvis ur ett tidigt (från tonåren ungefär) sporrande intresse för frågor om matematiken och dess grundvalar i ljuset av logiken och filosofin.

Dock är det omöjligt att dra någon *skarp* gräns mellan en "filosofisk undersökning" av matematiken och till exempel den sorts framställning som erbjuds här. Filosofins definierande målsättningar finns också med där hela tiden, i bakgrunden. Klassifikationen av dessa texter som "matematik" eller "läromedel" snarare än "filosofi", har att göra med att jag även har haft andra målsättningar med dem när jag skrivit dem: framförallt det undervisande syftet och åtagandet, vilket tillför en praktisk dimension utöver den teoretiska återblicken.

Litteraturförteckning (global)

Läromedel för gymnasiet

Allmänt om koordinatsystem och ekvationer för den räta linjen, cirkeln, avstånd ingår i grundkurserna för både svenskt och finskt gymnasium. Andragradsekvationen och något om dess anknytning till parabeln likaså.

Alfredsson L., Bråting K., m.fl. *Matematik 5000: kurs 4 blå lärobok.* Läromedel för svensk gymnasieskola (naturvetenskapligt program). Natur & Kultur 2013. Innehåller kapitel om de komplexa talen.

Alatupa S., Kaakinen P., m.fl. *Ma5 Lång: Analytisk geometri.* Schildts & Söderströms. Läromedel på svenska för teoretiskt gymnasieprogram i Finland. Går också igenom kägelsnitten ellips och hyperbel, inte enbart parabel (till skillnad från svensk gymnasieskola).

Läromedel för universitet & högskola

Det finns en uppsjö av läromedel på engelska av typen ”Calculus and Analytic Geometry”, vilka såsom en del av kursen täcker ungefär det innehåll som hör till denna bok. Exempel är

Adams, Robert. *Calculus: A Complete Course.* Senaste uppl. nr. 8, 2013.

Edwards C. & Penney D. *Calculus.* 6th ed. 2002. Tidigare under titeln *Calculus with Analytic Geometry.*

Croft A., Davison R., m.fl. *Engineering Mathematics – A Foundation for Electronic, Electrical, Communications and Systems Engineers.* 4th ed. Pearson Education, 2013. Används som läromedel vid Ålands Högskola för dess ingenjörsstudenter.

Persson, Arne & Böiers, Lars–Christer. *Analys i en variabel.* Upplaga 2:7. Studentlitteratur, 2007. Innehåller en noggrann genomgång av det komplexa talsystemet (som appendix).

Tengstrand, Anders. *Linjär algebra med vektorgeometri.* 2:a uppl. Studentlitteratur, 2005.

Övriga referenser

Boyer, Carl. *A History of Mathematics.* Rev. ed. John Wiley & Sons, 1989.

Burton, David. *The History of Mathematics: An Introduction.* 7th ed. McGraw–Hill, 2011.

Johansson, Bo Göran. *Matematikens historia.* Studentlitteratur, 2004.

Sjöberg, Boris. *Från Euklides till Hilbert – Historien om matematikens utveckling under tvåtusen år.* 3 uppl. Åbo Akademis Förlag, 1998.

Wängberg, Björn. *Kägelsnitten – en mångsidig undersökning.* Didymos Bokförlag, 2018.

Matematisk och logisk notation

Notation	Tekniskt namn/definition
	Talområden
$\mathbb{N}$	de naturliga talen $0, 1, 2, 3, \ldots$
$\mathbb{Z}^+$	de positiva heltalen $1, 2, 3, \ldots$
$\mathbb{Z}$	heltalen (eng. *integers*)
$\mathbf{D}$	decimaltalen/decimalbråken
$\mathbb{Q}$	de rationella talen
$\mathbb{R}$	de reella talen
$\mathbf{Irr}$, $\mathbb{R} \setminus \mathbb{Q}$	de irrationella talen
$\mathbb{C}$	de komplexa talen
	Algebra och geometri
Δx, Δy	differens i variabeln x resp. y
$C(M; r)$	cirkeln med medelpunkt M och radie r
$\|AB\|$	längden av en sträcka AB
$P \in \ell$, $P \in \pi$	punkten P ligger på linjen ℓ/planet π
	Komplexa tal
i	den imaginära enheten
$\|z\|$	absolutbeloppet av ett komplext tal
$\overline{z}$, z^*	komplext konjugat
$\arg(z)$	argumentet till ett komplext tal
$re^{i\theta}$	komplext tal på polär form
	Allmän mängdlära
$x \in M$	(mängd)tillhörighetstecken
$x \notin M$	tillhör inte–tecken
$\{...\}$	mängdklamrar
$\|M\|$, $\#M$	kardinalitet (antal element)
$\{x : P(x)\}$, $\{x \mid ...\}$	mängdbyggaren
$A \cup B$	(mängd)union
$A \cap B$	(mängd)snitt
$A \setminus B$, $A - B$	(mängd)differens
$\complement A$, $-A$	(mängd)komplement
2^M, $\mathcal{P}(M)$	potensmängd

Notation	**Tekniskt namn/definition**
	Sats– och predikatlogik
$\neg P, \ \sim P, \ -P$	(logisk) negation
$P \wedge Q, \ P \,\&\, Q, \ P \,.\, Q$	(logisk) konjunktion
$P \vee Q$	(inklusiv, logisk) disjunktion
$P \veebar Q$	exklusiv disjunktion
$P \implies Q, \ P \longrightarrow Q$	(materiell) implikation
$P \supset Q$	
$P \iff Q, \ P \longleftrightarrow Q$	(materiell) ekvivalens
$P \equiv Q, \ P$ omm Q	
$\forall x \ P(x), \ (x) \ P(x)$	allkvantor (–kvantifikator)
$\exists x \ P(x)$	existenskvantor (–kvantifikator)

Det grekiska alfabetet

En del av de små bokstäverna ur det grekiska alfabetet har två olika sätt att skrivas.

uttal	stor bokstav	liten bokstav
alfa	A	α
beta	B	β
gamma	Γ	γ
delta	Δ	δ
epsilon	E	ε, ϵ
zeta	Z	ζ
eta	H	η
theta	Θ	θ, ϑ
iota	I	ι
kappa	K	κ
lambda	Λ	λ
my	M	μ
ny	N	ν
xi	Ξ	ξ
omikron	O	o
pi	Π	π, ϖ
rho	P	ρ, ϱ
sigma	Σ	σ, ς
tau	T	τ
ypsilon	Υ	υ
fi	Φ	ϕ, φ
chi	X	χ
psi	Ψ	ψ
omega	Ω	ω